国家骨干院校重点建设专业校企合作教材

Qirui Jiaoche TSD Shixun Jiaocheng

奇瑞轿车 TSD 实训教程

赵建宁 主编

毛天华 王晶 郭文彬 副主编

熊建国 主审

人民交通出版社

内 容 提 要

本书是由青海交通职业技术学院根据国家高职骨干院校建设汽车运用技术试点专业校企合作开发的教材,根据“厂校融通、项目引领、三段递进”312人才培养模式中的品牌汽车TSD训练区的建设要求,以奇瑞汽车维修典型工作任务和技术标准为切入点,按照项目引领、任务驱动的教学理念,开发出6个项目的学习内容,每个项目注重实用技能的培养,适应奇瑞汽车维修工作的需求。

本书主要内容包括奇瑞A3车型发动机机械系统、奇瑞A3车型发动机控制系统、奇瑞A3车型底盘系统、奇瑞A3车型车身附件、奇瑞A3车型车身电气系统、奇瑞A3车型维护作业6个教学项目。

本书可作为高等职业教育汽车运用技术专业教学用书,也可作为汽车行业岗位培训或汽车维修技术人员学习参考用书。

图书在版编目(CIP)数据

奇瑞轿车TSD实训教程/赵建宁主编. —北京:人民交通出版社,2013.2

国家骨干院校重点建设专业校企合作教材

ISBN 978-7-114-10412-1

Ⅰ.①奇…　Ⅱ.①赵…　Ⅲ.①轿车—车辆修理—高等职业教育—教材　Ⅳ.①U469.110.7

中国版本图书馆CIP数据核字(2013)第041471号

国家骨干院校重点建设专业校企合作教材

书　　名: 奇瑞轿车TSD实训教程
著 作 者: 赵建宁
责任编辑: 卢仲贤　袁　方　闫吉维
出版发行: 人民交通出版社
地　　址: (100011)北京市朝阳区安定门外外馆斜街3号
网　　址: http://www.ccpress.com.cn
销售电话: (010)59757973
总 经 销: 人民交通出版社发行部
经　　销: 各地新华书店
印　　刷: 北京交通印务实业公司
开　　本: 787×1092　1/16
印　　张: 8.5
字　　数: 215千
版　　次: 2013年2月第1版
印　　次: 2013年2月第1次印刷
书　　号: ISBN 978-7-114-10412-1
定　　价: 30.00元
(有印刷、装订质量问题的图书由本社负责调换)

序

2010年青海交通职业技术学院跻身于全国高职院校“百强”行列,成为西北地区唯一一所交通运输类国家骨干高职院校。汽车运用技术专业群是国家骨干高职院校重点建设项目之一。

本套教材基于汽车运用技术专业“厂校融通、项目引领、三段递进”312人才培养模式,结合现代职业教育理念,以一汽大众汽车、北京现代汽车、丰田汽车、奇瑞汽车四种车系为基础,系统地、科学地将四种品牌汽车知识、新技术、操作规范及在专业中的应用技能进行了整合,引导学生在掌握基本的汽车理论基础后,结合实际的职业岗位能力要求,进行四种车系专项技能学习。

本套教材的内容是在企业调研的基础上,吸收高职高专课程体系改革的先进理念,结合专业特色进行整合的共享型资源,具有较强的指导性、应用性。

本套教材是在多年贯彻“工学结合、校企合作”人才培养模式的教学改革经验的基础上,以职业能力培养为目标,由企业技术人员和学校教师共同编写,体现了学校教学和企业实践的有机统一,传统工艺和现代技术的有机融合,并严格贯彻最新标准、规范、工艺和规程要求。编写过程中注重特定教学对象的认识能力和认知规律,采用图文结合的形式,力求直观明了,提供一种提高学生职业素养和职业能力的解决方案,切实做到了理论够用、重在实践。

本教材的主要特点是:

1.从企业的需要出发,重塑教学目标

本教材是从企业的需要及学生的职业发展出发,让学生通过品牌汽车专门化学习,能够切实找到自己的职业发展方向或者是能较好地适应未来企业的用人需要。

2.从人才培养的目标出发,重整教学内容

汽车技术涉及的品牌、范围、层面、内容非常广泛,本教材以丰田、一汽大众、奇瑞和北京现代四种车系基本知识为基础,以面向高职学生的技能实务为主线,把握重点、落到实处。

本教材在编写过程中,参考了近5年来不同版本的本科、专科及中职相关教材、教学参考资料及相关车系4S店提供的信息资料,在此谨向各位参考文献的编写专家及提供信息资料的相关个人、部门表示衷心的感谢。

青海交通职业技术学院

国家骨干院校重点建设专业校企合作教材编审委员会

汽车运用技术专业建设委员会

2012年12月

前　言

2011年青海交通职业技术学院被教育部批准建设国家骨干高职院校,汽车运用技术专业被列为我院骨干校建设试点专业。汽车运用技术专业人才培养模式与课程体系改革以创新校企合作、工学结合"厂校融通、项目引领、三段递进"312人才培养模式,以丰田、一汽大众、奇瑞、现代4种品牌汽车为TSD训练区为核心,校企共同研究开发课程体系。按照汽车运用技术专业人才培养目标要求,构建基础技能学习、TSD训练区、顶岗实习3大教学领域,形成3个平台、9个项目的能力递进设课程体系。

本书根据"厂校融通、项目引领、三段递进"312人才培养模式中的品牌汽车TSD训练区的建设要求,校企共同研究,按照项目引领、任务驱动的教学理念,开发出:奇瑞A3车型发动机机械系统、奇瑞A3车型发动机控制系统、奇瑞A3车型底盘系统、奇瑞A3车型车身附件、奇瑞A3车型车身电气系统、奇瑞A3车型维护作业6个教学项目。突出能力培养,突出学生主体,注重技能训练、实现一体化教学,并渗透素质教育。

本书可作为高职高专汽车类相关专业教材,也可作为中职汽车运用与维修专业的教材,同时也可作为汽车高级维修工培训教材。

本书由青海交通职业技术学院赵建宁担任主编,青海交通职业技术学院毛天华、王晶、郭文彬担任副主编,青海交通职业技术学院熊建国担任主审。参加本书编写工作的有:青海交通职业技术学院赵建宁(编写项目一、项目二和项目六)、王晶(编写项目三)、毛天华(编写项目四)、郭文彬(编写项目五)。本书在编写过程中得到青海万华汽车贸易有限公司、西宁金岛汽车销售有限公司的技术支持,得到有关领导和老师的大力支持,在此一并表示诚挚的感谢。

由于时间仓促,加之编者水平有限,书中难免存在不足之处,恳请读者给予批评指正。

编者

2012年12月

目　录

项目一　奇瑞A3车型发动机机械系统

Z 知识目标

1. 知道奇瑞A3车型发动机机械系统的结构。
2. 知道奇瑞A3车型发动机机械系统的拆装工艺。

N 能力目标

1. 能够规范拆装奇瑞A3车型发动机机械系统。
2. 能够检修奇瑞A3车型发动机机械系统零件。
3. 能够正确使用拆装、检修工具与设备。

S 素质目标

1. 自我学习能力。
2. 交流沟通能力。
3. 团结协作能力。
4. 安全操作能力。

奇瑞A3车型通常配置四缸、水冷、直列双顶置凸轮轴、16气门、双VVT、可变进气歧管VIS发动机，发动机的型号为SQRE4G16。

任务一　正时轮系的拆装

发动机正时轮系结构图如图1-1所示。

一、气门室罩盖，油底壳及正时链罩盖的拆装

所需工具:8号、10号、13号、22号套筒，内六角扳手，棘轮扳手。

1. 拆卸

(1)用8号套筒拆下点火线圈安装螺栓，取下点火线圈及高压导线，如图1-2所示。

(2)用8号套筒松开上气门室罩盖螺栓，取下气门室罩盖，用专业工具清理油污及密封胶。

(3)拆卸油底壳。用专业工具清理油污及密封胶。

(4)用专用工具卡住飞轮，如图1-3所示。

(5)拆卸附件皮带，惰轮，张紧器及空调压缩机。

(6)用22号套筒拆下曲轴皮带轮，如图1-4所示。

(7)用棘轮扳手及内六角扳手，13号套筒拆卸正时链罩盖，如图1-5所示。

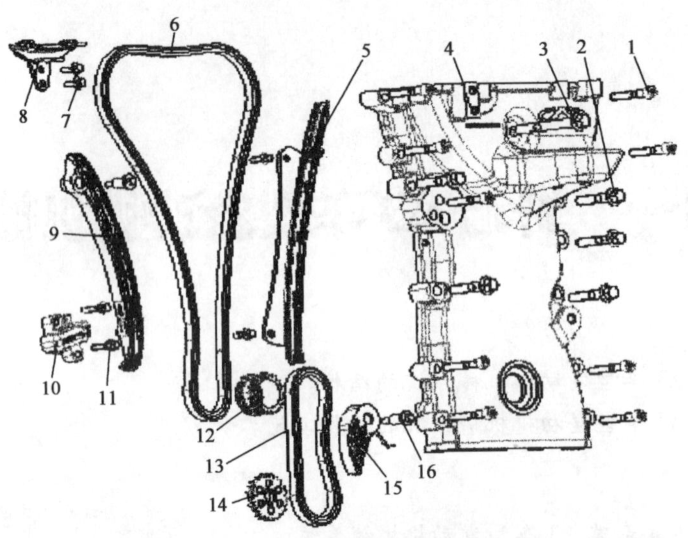

图 1-1　正时轮系结构图

1-内六角螺栓；2、3-六角凸缘面螺栓；4-正时链罩盖；5-固定导轨总成；6-正时链条；7、11、16-螺栓；8-上导轨总成；9-活动导轨总成；10-液压张紧器总成；12-曲轴链轮；13-机油泵链条；14-机油泵链轮；15-机油泵活动导轨总成

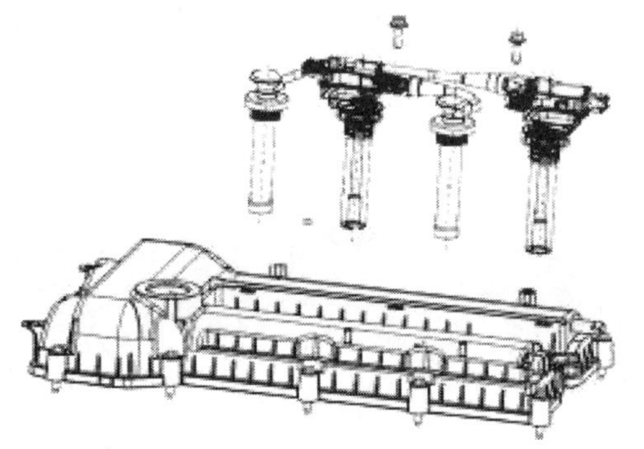

图 1-2　拆卸点火线圈及高压导线

图 1-3　用专用工具卡住飞轮

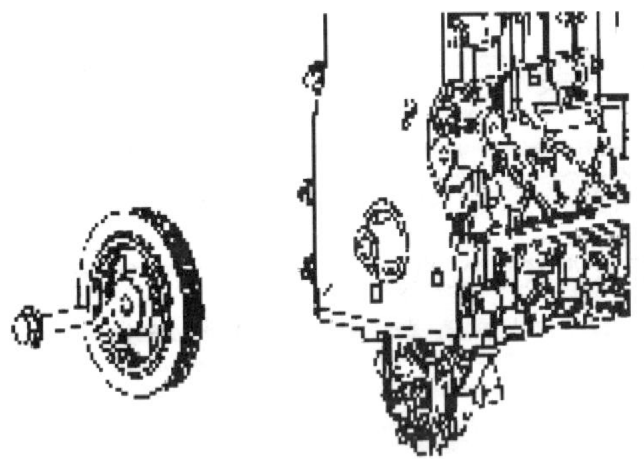

图 1-4　拆卸曲轴皮带轮

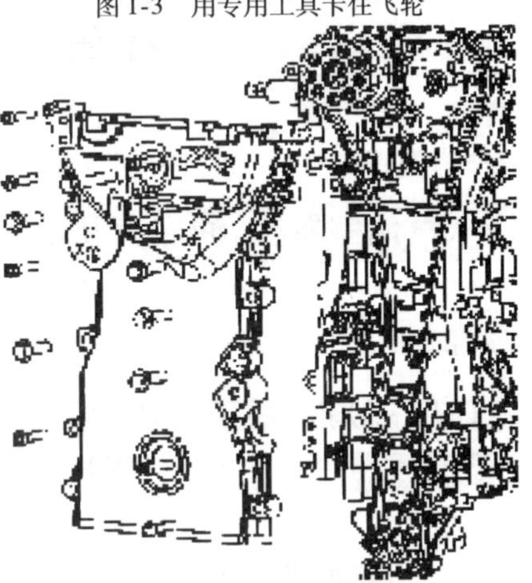

图 1-5　拆卸正时链罩盖

（8）取下正时链罩盖，用专业工具清理油污及密封胶。

2. 检修

检查正时链罩盖上有无开裂痕迹、渗油痕迹。如果有其中之一者，应更换正时链罩盖。

3. 安装

安装顺序和拆卸顺序相反。

二、拆装正时链传动系统

所需工具:8 号、10 号套筒,棘轮扳手。

1. 拆卸

(1)拆下正时链罩盖。

(2)推动活动导轨,将液压张紧器柱塞推入最大压缩位置,用卡销将液压张紧器柱塞卡死。

(3)用 10 号套筒将液压张紧器拆卸下来,如图 1-6 所示。

(4)依次拆卸活动导轨,固定导轨,如图 1-7 所示。

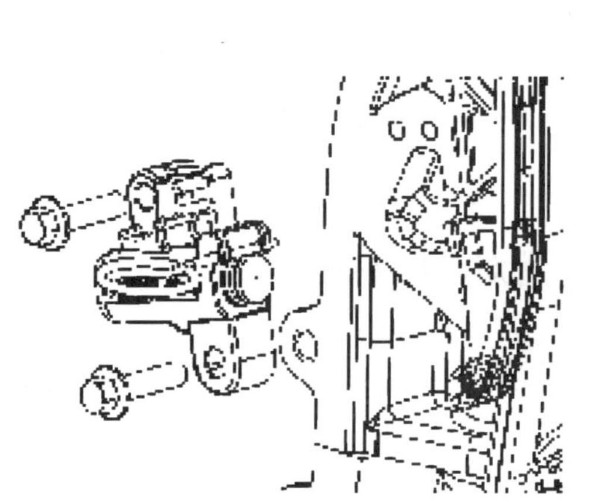

图 1-6 拆卸液压张紧器

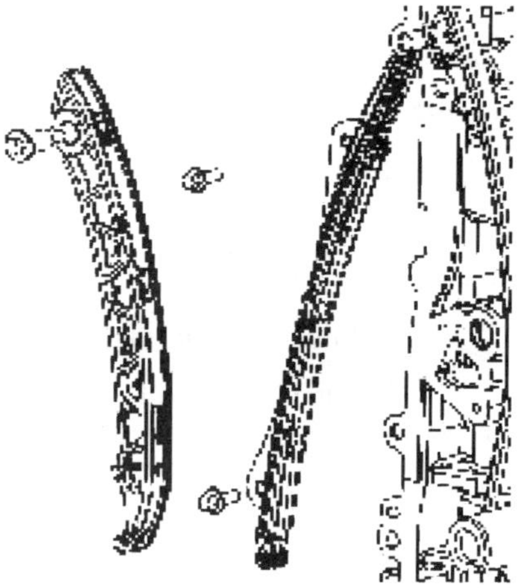

图 1-7 拆卸活动导轨和固定导轨

(5)松开上导轨螺栓,将正时链条取下,拆卸后必须用记号笔标记链条正反面,以便装配时保持同一方向复原。

(6)使用 30 号扳手卡住凸轮轴,同时使用力矩扳手将 VVT 螺栓拆卸,取下进排气 VVT,如图 1-8 所示。

(7)拆卸链条上导轨,如图 1-9 所示。

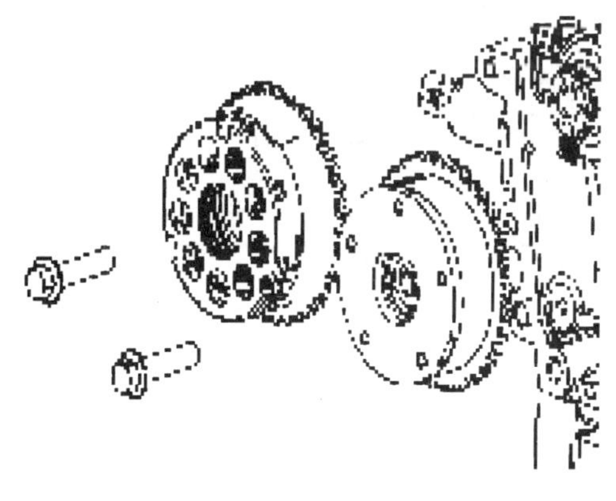

图 1-8 拆卸 VVT

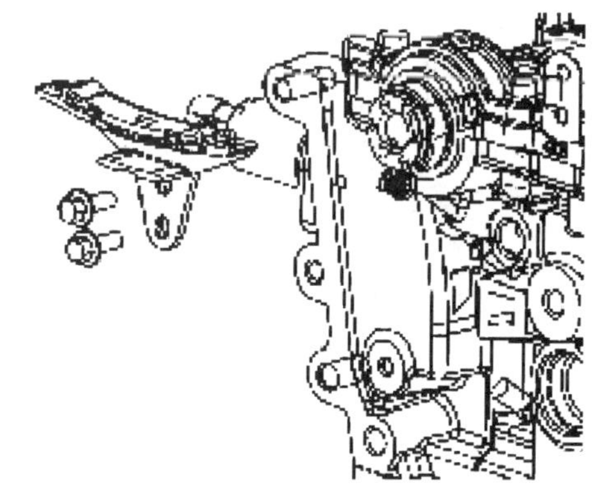

图 1-9 拆卸链条上导轨

(8)拆卸机油泵链轮,将机油泵链轮与链条一起取下,如图 1-10 所示。拆卸后必须用记号笔标记链条正反面,以便装配时保持同一方向复原。

(9)拆卸机油泵活动导轨,如图 1-11 所示。

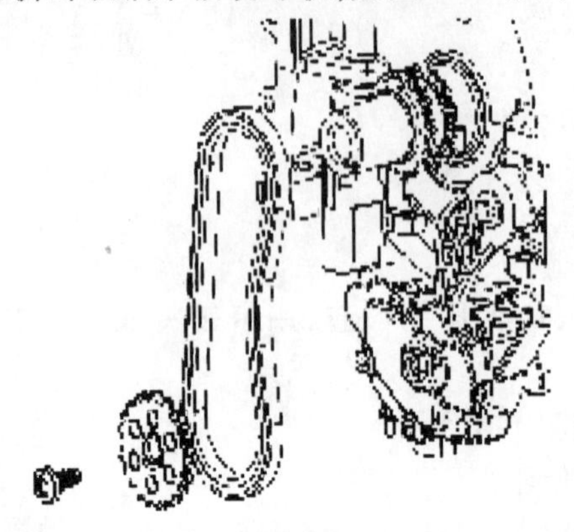

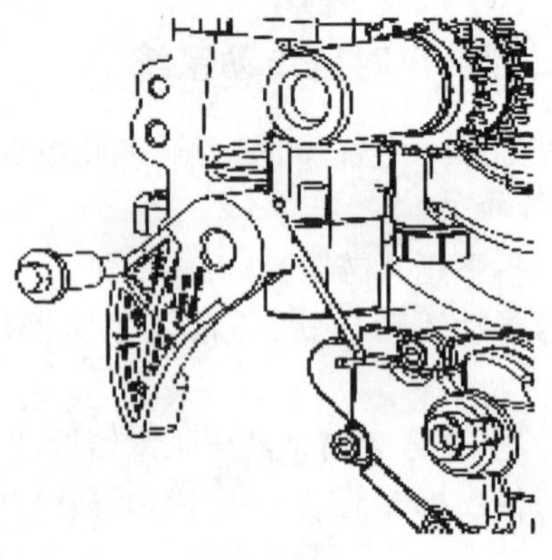

图 1-10　拆卸机油泵链轮和链条

图 1-11　拆卸机油泵活动导轨

2. 检修

对正时链条各处进行检查,如齿面无严重磨损或裂纹,可以继续使用。如果要更换正时链条,要求全套链轮、链条、导轨一起更换。

3. 安装

按照与拆卸顺序相反的步骤装配,装配前需进行发动机正时对准。

(1)安装机油泵活动导轨

安装机油泵活动导轨,拧紧力矩 9 ~ 12N·m,如图 1-12 所示。用手推动机油泵活动导轨,使其处于最大压缩状态。

(2)安装机油泵链条

将机油泵链条挂上曲轴链轮,装配机油泵链轮,拧紧力矩 20 ~ 25N·m。链条按照拆卸前的正反方向安装。

(3)安装进、排气相位器(VVT)

分别安装进、排气 VVT,旋入螺栓暂不拧紧,如图 1-13 所示。检查是否能灵活转动,否则拆下检查排气相位器和螺栓。

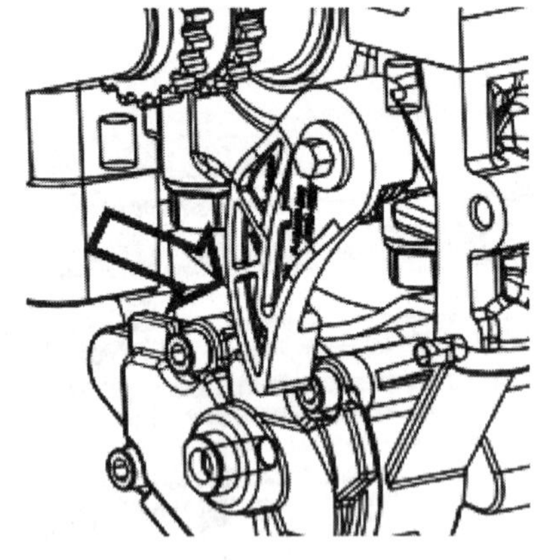

图 1-12　安装机油泵活动导轨

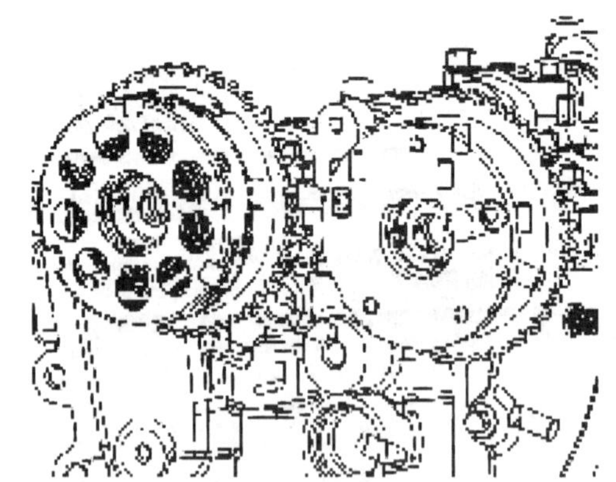

图 1-13　安装 VVT

(4)安装正时链条、上导轨总成

将上导轨总成旋入到凸轮轴第 1 轴承盖上暂不拧紧,然后将正时链条挂到进、排气相位器和曲轴链轮上,安装时应注意链条卡入上导轨两个面之间,并且上导轨面保持水平,如图1-14所示。链条按照拆卸前的正反方向安装。

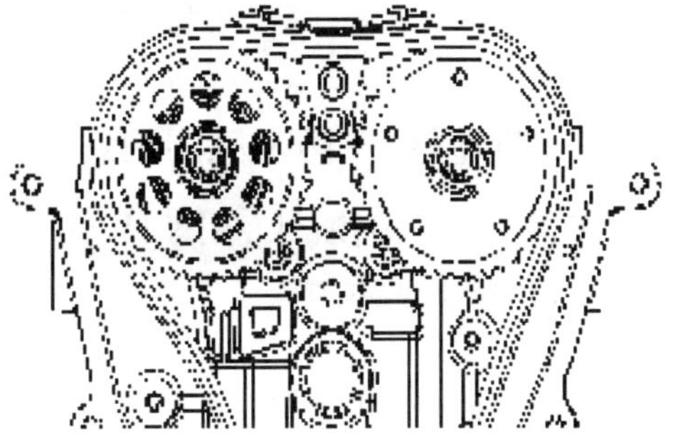
图1-14 安装正时链条和上导轨总成

(5)安装固定导轨总成

将固定导轨固定到缸盖和缸体上,拧紧力矩9~12N·m,如图1-15所示。

(6)安装活动导轨总成

将活动导轨总成用专用螺栓固定到缸盖上,拧紧力矩9~12N·m,如图1-16所示。拧紧后,活动导轨应能绕该螺栓灵活转动,否则拆下检查螺栓和活动导轨总成。

(7)安装液压张紧器总成

①将液压张紧器总成紧固到缸体上,拧紧力矩9~12N·m,然后扳动活动导轨压紧液压张紧器柱塞,拔出液压张紧器的锁销使链条张紧,如图1-17所示。

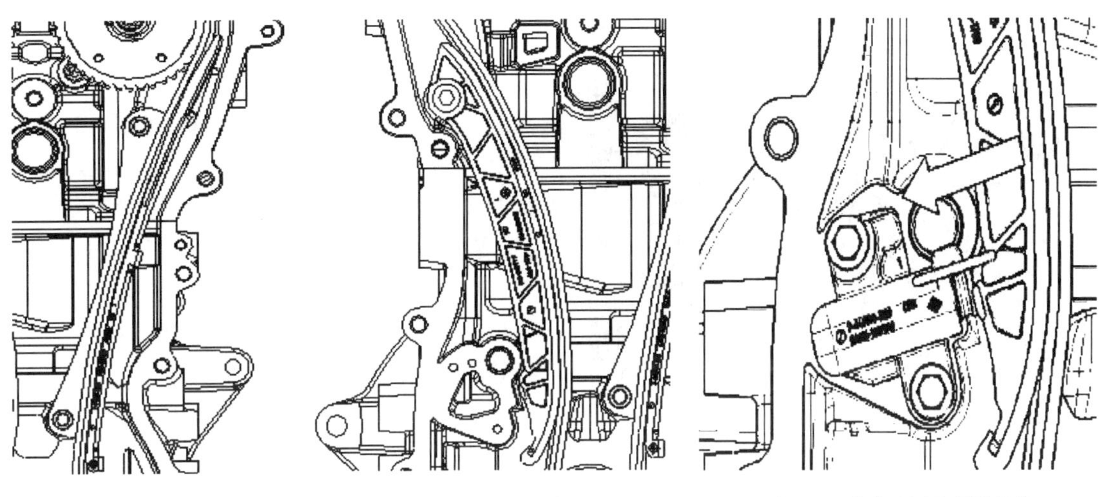
图1-15 安装固定导轨总成　图1-16 安装活动导轨总成　图1-17 安装液压张紧器总成

②链条张紧后,依次转动进排气相位器,保证链条在紧边张紧,检查链条贴在固定导轨与活动导轨内,并与曲轴链轮和进、排气相位器应正常啮合。此过程需保证进气相位器到曲轴链轮啮合点以及进、排气相位器之间的链条部分(即与上导轨接触的链条部分)不可松弛,保持上导轨水平,拧紧上导轨螺栓,拧紧力矩9~12N·m。

③分别拧紧排气和进气凸轮轴螺栓,拧紧力矩均为(105+5)N·m。取下曲轴定位销和凸轮轴正时定位专用工具,顺时针盘动曲轴两圈,检查正时系统运转是否正常,不得逆时针盘动曲轴。

(8)安装正时链罩盖

沿正时罩盖内侧边缘用乐泰5910胶涂抹,注意胶要涂在正时罩盖安装螺栓孔的内侧。对应正时罩盖的定位孔将正时罩盖装上,然后分别装上M10和M8螺栓,拧紧力矩分别为40~45N·m和20~25N·m。

任务二　缸盖部分的拆装

一、凸轮轴、气门及气门油封的拆装

所需工具：气门油封专用工具，气门弹簧及油封拆装工具一套，活动扳手一把，正时专用工具，内六角扳手一套。

1. 拆卸

(1)拆下附件皮带机。

(2)拆下发动机气门室罩盖。

(3)拆下前端盖。

(4)拆下正时链条。

(5)将正时专用工具卡入凸轮轴卡槽内。

(6)用扭力扳手及开口扳手松开进排气凸轮轴相位器总成螺栓，拆下进排气相位器总成。

(7)依次分步松开缸盖螺栓，小心抬下缸盖总成。

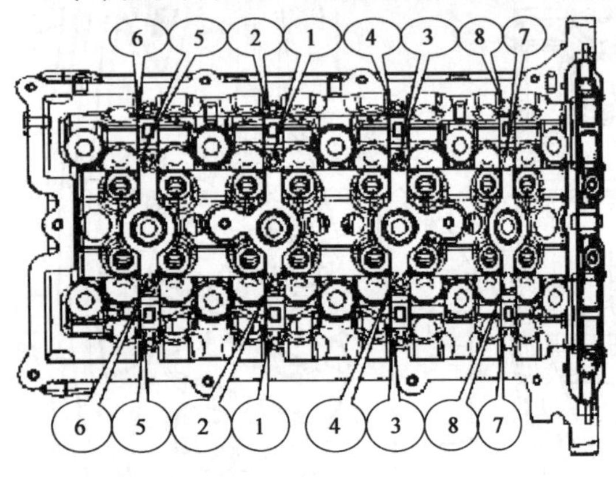

图 1-18　进、排气凸轮轴轴承盖的拆卸顺序图

(8)依次拆下进、排气凸轮轴轴承盖，并按顺序放好。进、排气凸轮轴轴承盖的拆卸顺序图，如图 1-18 所示。第二、三、四、五凸轮轴轴承盖上标有 I1、I2、I3、I4(E1、E2、E3、E4)分别表示1、2、3、4 缸对应的轴承盖(I 表示进气凸轮轴，E 表示排气凸轮轴)。

(9)拿掉凸轮轴及液压挺柱和摇臂。

(10)拆卸气门弹簧。用专用工具拆下气门弹簧，如图 1-19 所示。

(11)用气门油封专用工具拆下旧的气门油封，如图 1-20 所示。

图 1-19　拆卸气门弹簧

图 1-20　拆卸气门油封

2. 检修

(1)气门弹簧检查

用游标卡尺检测气门弹簧的自由长度、垂直度和在特定压力下的长度，若测量值超过极限值，应更换新件。气门弹簧的自由长度标准值为 47.8mm，在 585N 压力下的长度标准值为 32mm。

(2)凸轮轴轴径检查

用千分尺测量凸轮轴轴径，若超过极限值应更换新件。凸轮轴轴径标准值为

$\phi 24^{-0.040}_{-0.053}$mm。

(3)凸轮高检查

用千分尺测量凸轮的高度,若超过极限值,应更换新的凸轮轴。进气凸轮标准值为37.18±0.1mm,排气凸轮标准值为37.05±0.1mm。

(4)气门检查

①用千分尺测量气门杆直径,测量点分别距气门底部26mm、52mm、78mm处。

②用内径千分表检测气门导管内径,测量点为气门导管的四等分点处。

③求出其测量值的差,算出间隙,如果间隙在规定限定值以上,应更换气门或导管。间隙标准值为0.02mm。

(5)凸轮轴轴向间隙检查

使用百分表测定轴向间隙比基准值大时,需更换凸轮轴。进气凸轮轴标准值为0.15~0.20mm,排气凸轮轴标准值为0.15~0.20mm。

(6)检查缸盖的平面度

①清洁缸盖下表面。

②用直尺和塞规检查缸盖下表面是否翘曲。

③如果平面度过量,请校正。如果超出极限应更换。缸盖平面度标准值为0.04mm。缸盖允许磨掉的厚度最大为0.15mm,缸体与缸盖允许磨掉的厚度之和最大为0.20mm。

3. 安装

安装顺序和拆卸顺序相反,但必须注意以下事项:

(1)拆卸气门弹簧时,要分组拆卸。1、4缸为一组,2、3缸为一组。将活塞运转到1、4缸上止点时,拆卸1、4缸气门弹簧,并更换气门油封,然后马上装上气门弹簧。将活塞运转到2、3缸上止点时,再更换气门油封。

(2)安装气门油封时,要在油封唇口涂上发动机润滑油。

(3)缸盖螺栓安装顺序如图1-21所示,缸盖螺栓的拧紧要按如下步骤进行。

①螺栓的头部和根部涂少许机油。

②按照顺序拧紧至(40±5)N·m。

③按照顺时针紧90°±5°。

④按照顺时针紧90°±5°。

(4)气门室罩盖螺栓安装顺序如图1-22所示,气门室罩盖螺栓的拧紧要按如下步骤进行:

①先按照拧紧顺序拧紧至3~5N·m。

②再按照拧紧顺序拧紧至8~10N·m。

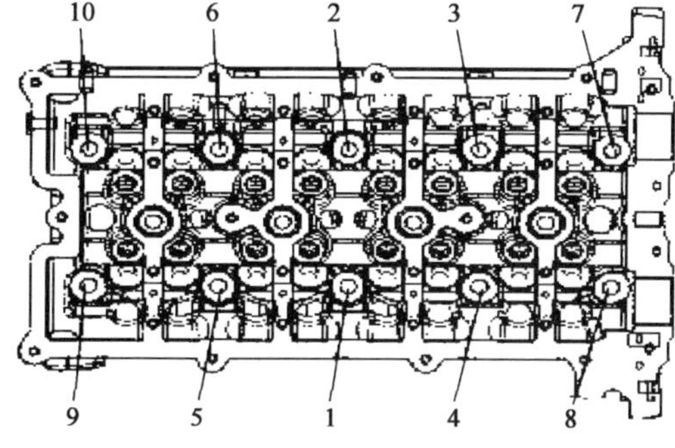

图1-21 缸盖螺栓安装顺序

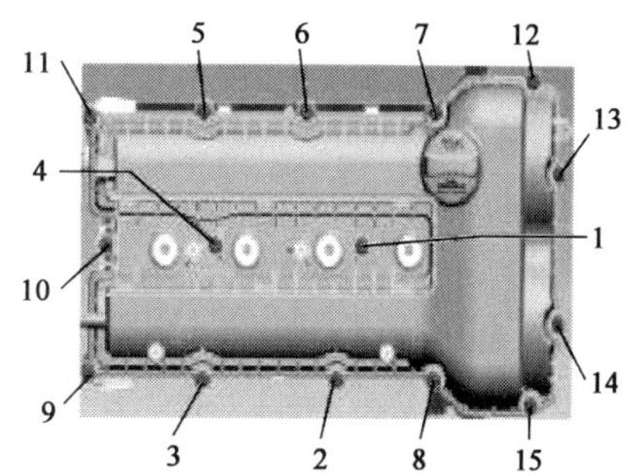

图1-22 气门室罩盖螺栓安装顺序

任务三　缸体部分的拆装

一、活塞、活塞环、活塞销、连杆轴瓦的拆装

所需工具:10 号开口扳手,10 号、15 号、17 号套筒,棘轮扳手,乐泰 5901 胶,发动机机油,扭力扳手,安装活塞的专用工具。

1. 拆卸

(1)拆下正时皮带。

(2)拆下油底壳。

(3)拆下缸盖。

(4)拆下机油集滤器。

(5)松开连杆大头的螺栓。

(6)拆下连杆轴瓦下盖。

(7)用木柄轻轻将连杆及活塞向上顶起,取出活塞及连杆总成。

(8)取下活塞环。

(9)取下活塞销的定位卡环,抽出活塞销。

2. 检修

(1)检查活塞直径

用千分尺在活塞裙部的下端约 10mm 的位置,沿活塞销垂直方向处进行测量,若超过磨损极限,应更换。标准尺寸为 76.95 ±0.009mm。

(2)检查活塞环与环槽的间隙

①用活塞环将环槽内积炭清理干净。

②用塞尺检测活塞环与环槽的间隙,如果测量的间隙超过了磨损极限,请更换新件。第一道环基准值为 0.035 ~0.08mm,第二道环基准值为 0.03 ~0.075mm。

(3)检查活塞环的端隙

①把活塞环置入缸孔顶面下约 45mm 处,用活塞顶面将活塞环压入缸筒内。

②使用塞规对开口进行测量,如果测得的间隙值超过了限度,请更换一套新的活塞环。第一道环基准值为 0.2 ~0.4mm,第二道环基准值为 0.4 ~0.6mm。

(4)检查活塞销及活塞销孔的直径

①利用千分尺,对活塞销进行四周测量,以最大值作为活塞销直径的尺寸。

②使用内径百分表,对活塞销孔径进行全周测量,以最小值作为销孔直径尺寸。

③如果测得的间隙值超过了限度,应更换一套新的活塞及销。活塞销直径标准尺寸 $\phi 18^{0}_{-0.005}$mm,活塞销孔直径标准尺寸 $\phi 18^{+0.010}_{+0.004}$mm。

(5)检查连杆瓦的径向间隙

①先清洁连杆轴颈及连杆瓦,将间隙规放在轴颈上,扣上轴瓦,按规定的力矩拧紧螺栓。注意在此作业过程中,曲轴不要转动。

②松开连杆螺栓,卸下瓦盖,用间隙规包装袋上的量尺测量被压扁的间隙规的最宽的部分的宽度,得出间隙值。间隙标准值为 0.026 ~0.061mm。

③如果测定的间隙超过极限,请更换连杆瓦。更换轴瓦时,要使用同一厂家的品牌,符合配

合符号。

(6) 连杆的轴向间隙检查

用百分表或者塞规测量轴向间隙,间隙标准值为0.15 ~0.40mm。

3. 安装

(1)在活塞销外表面及活塞销孔内表面涂机油,将活塞销插入活塞销孔内,同时也将连杆装入活塞销座内。在活塞销穿过活塞销孔和连杆小头孔至一侧卡环后,将另一只卡环装入对应的卡环槽内。将连杆装入销座时,连杆杆身朝前标识的朝向与活塞顶面朝前标识的朝向一致。

(2)装配活塞环。按下刮片、油环衬环、上刮片、第二道气环,第一道气环的顺序依次将各道环装在活塞上;装配第一道气环和第二道气环时,有打字标识的一面朝向活塞顶面。将两只刮片与衬环错开一定角度,衬环接口处尖角指向活塞顶面,第一道环第二道环与上刮片互成120°。将连杆上瓦和连杆装在一起。注意:连杆瓦的定位唇口装入连杆上的定位槽。

(3)将发动机汽缸壁涂上发动机润滑油,用专用工具夹住活塞环,用木柄轻敲活塞头部,将活塞连杆总成装入,如图1-23所示。活塞顶面朝前箭头标识指向发动机前端。

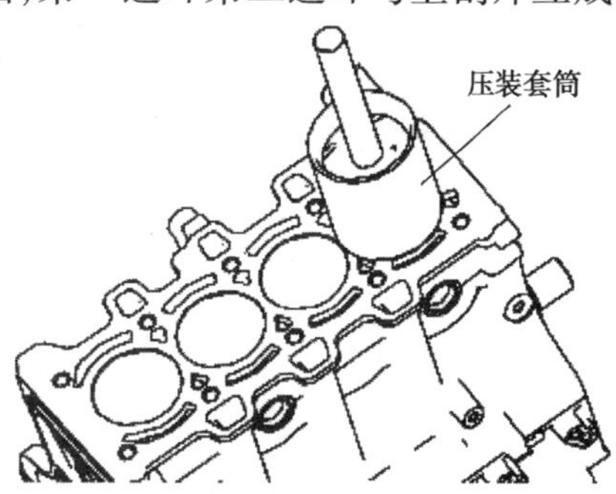

图1-23 安装活塞连杆总成

(4)将连杆下瓦和连杆盖装在一起。并在瓦上涂发动机润滑油。连杆瓦上的定位唇口装入连杆盖的定位槽。

(5)扣上连杆盖,拧紧螺栓。拧紧力矩为(15 ±3)N·m,然后再将螺栓拧60° ±5°。

二、曲轴前油封更换

所需工具:棘轮扳手,22号套筒,内六角扳手,发动机油封装配专用工具,平口螺丝刀一把。

1. 拆卸

(1)拆下附件皮带。

(2)用扭力扳手拆下附件皮带轮与曲轴的连接螺栓。取下附件带轮。

(3)用平口螺丝刀小心撬出旧油封。拆油封时务必要小心,不要弄伤油封座圈。

2. 安装

(1)清理油封座圈上的脏污,并在座圈上涂一层润滑油。

(2)在油封唇口上抹一层发动机润滑油。

(3)将涂上润滑油的新油封套入曲轴前端,注意油封唇口方向。

(4)将油封小心压入油封座圈,并用扭力扳手拧紧螺栓。拧紧力矩为7 ~8N·m。

(5)装上附件带轮、附件皮带和附件带轮螺栓。拧紧力矩为90 ~110N·m。

三、曲轴后油封更换

所需工具:套筒工具一套,平口螺丝刀一把,小吊车一台,发动机机油。

1. 拆卸

(1)将发动机总成从车上吊下来。

(2)拆下离合器压盘。

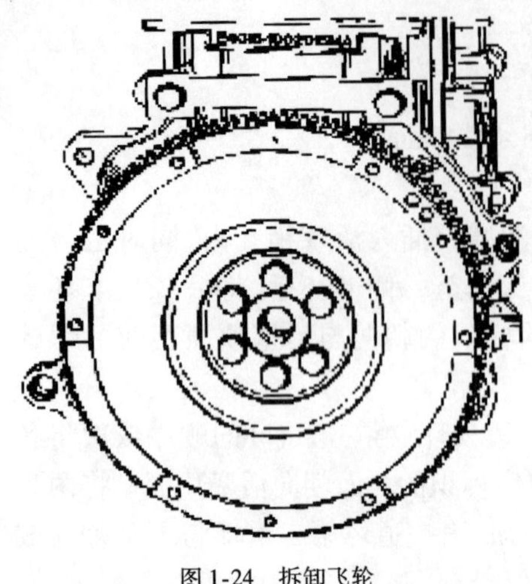

图 1-24　拆卸飞轮

(3)拆下飞轮。先用专用工具卡住飞轮,用套筒扳手拆下紧固螺栓,如图 1-24 所示。

(4)用平口螺丝刀翘出旧的油封,不要弄伤油封座圈。

2. 安装

(1)清洁油封座圈。用干净的纱布蘸上发动机机油,将油封座圈内的杂质清理干净。

(2)在曲轴后油封唇口上均匀的抹上一层机油,在油封外圈上均匀涂上少许机油。将油封套在专用工具上,然后压入油封座圈。

(3)装上飞轮和离合器压盘,并将发动机装配到车上。拧紧力矩为(25 ±5)N·m,然后再将螺栓拧 30° ±5°。

四、曲轴和止推垫片更换

所需工具:开口扳手一套,套筒工具一套,小吊车一台,乐泰 5901 胶,发动机机油。

1. 拆卸

(1)将发动机吊下来。

(2)放掉发动机机油。

(3)拆下发动机附件皮带。

(4)拆下发动机附件,如:发电机,空调压缩机,助力转向泵及支架。

(5)拆下发动机缸盖总成。

(6)拆下发动机离合器压盘及飞轮和正时皮带轮、扭转减振器、正时罩盖、正时轮系。

(7)拆下油底壳及机油泵。

(8)拆下四个缸的活塞连杆总成,并按顺序放好。

(9)拆下机油泵总成。

(10)拆下缸体下框架总成。此时就可取出曲轴和止推垫片了。

2. 检修

(1)曲轴径向间隙检查

①将轴颈和轴瓦清理干净。

②安装曲轴。

③将塑料间隙规切成与轴承宽度相同的长度,然后放在曲轴轴颈上,使其与轴中心线平行。

④小心的安装主轴承盖,并按规定力矩拧紧螺栓。

⑤小心的拆下主轴承盖。

⑥用塑料间隙规包装袋上的量尺,测量被压扁的塑料线最宽部位的宽度,得出间隙值。间隙标准值为 0.021 ~0.060mm。

⑦如果间隙超过极限值,应同时更换一组轴瓦。

(2)曲轴轴向间隙检查

将曲轴安装好,用千分表测量曲轴的轴向间隙。间隙标准值为 0.070 ~0.265mm。如果超过了极限值,请更换止推垫片。

(3)检查曲轴主轴颈的同轴度

用百分表测量同轴度,如超过限值,更换曲轴。同轴度标准值为0.04mm。

(4)检查曲轴的磨损

使用千分表测量轴径,将曲轴旋转90°再次进行测量,通过两次测量计算出圆度和圆柱度。圆度标准值为0.004mm,圆柱度标准值为0.007mm。

3. 安装

(1)将发动机清理干净,在曲轴轴颈上抹发动机润滑油。

(2)将曲轴安装正确,将止推垫片安装到位。

(3)扣上缸体框架,拧上曲轴紧固螺栓。安装顺序如图1-25所示。

拧紧方法及力矩:

①先按图示顺序预紧螺栓。

②按图示顺序将螺栓拧紧到(45±5)N·m。

③再旋转180°±5°。

(4)装上框体外围螺栓并拧紧。拧紧力矩为(20+5)N·m。

(5)装上机油泵、油底壳、正时轮系、正时罩盖及曲轴前、后油封、附件皮带等。

(6)装上发动机附件,并将发动机吊装到车上,装好水管并插好各电器插头。

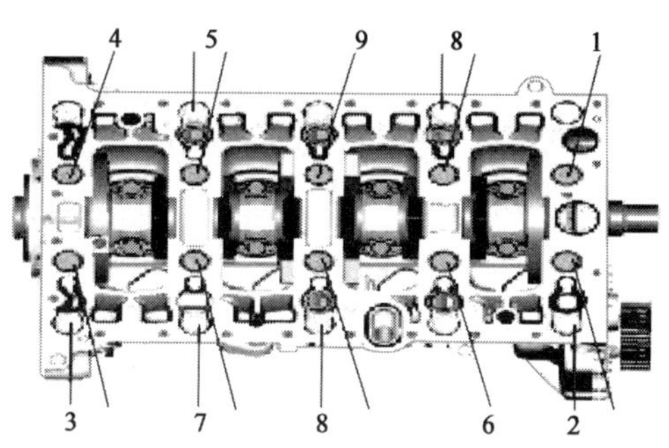

图1-25 曲轴螺栓安装顺序

注:1~9为安装顺序号。

任务四 润滑系统的拆装

一、油底壳的拆装

所需工具:10号开口扳手,10号、15号、17号套筒,棘轮扳手、乐泰5901胶、发动机机油。

1. 拆卸

(1)用17号套筒松开油底壳的放油螺栓(如图1-26箭头所示),放掉机油。发动机机油要用专门的容器盛装,注意环保。

(2)用15号套筒扳手拆掉油底壳与变速器壳体的3个连接螺栓,如图1-27箭头所示。

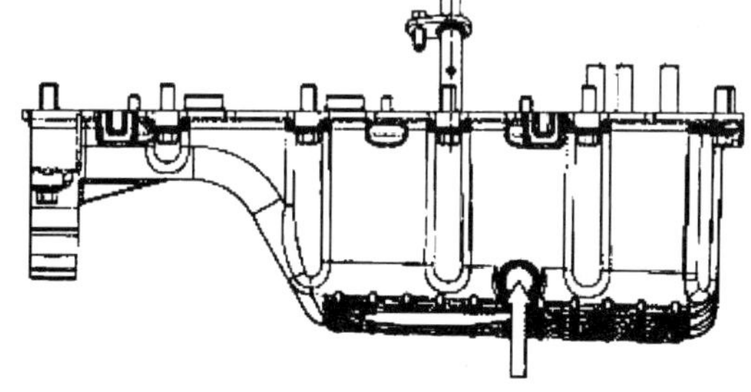

图1-26 拆卸放油螺栓

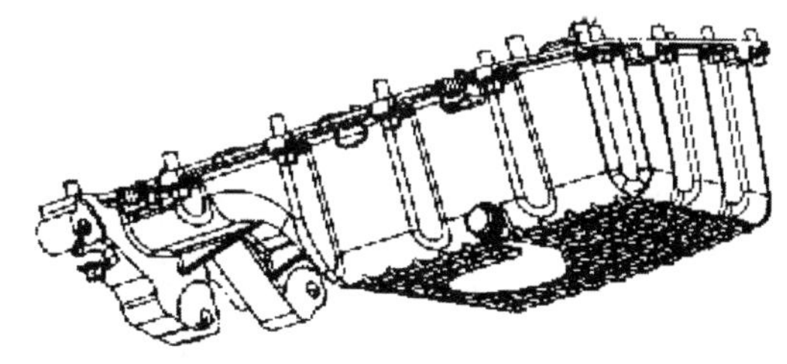

图1-27 拆卸油底壳与变速器壳体的连接螺栓

(3)用10号开口扳手和10号套筒拆卸掉油底壳的紧固螺栓。

(4)用橡皮槌轻敲油底壳四周,取下油底壳。

(5)用平口工具把发动机框架上的老化的乐泰胶清除干净。

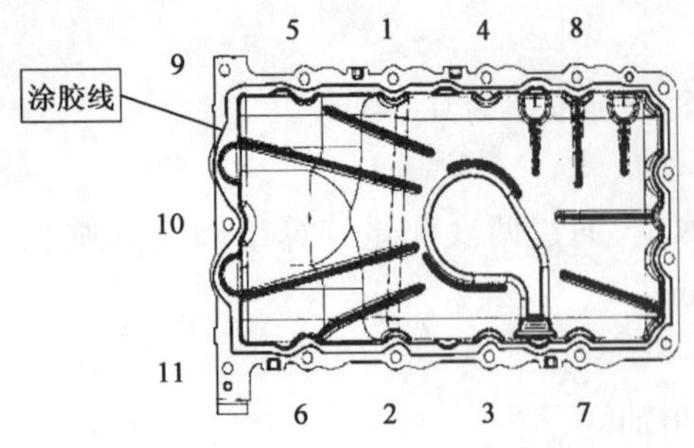

图 1-28　油底壳涂胶线与安装顺序

2. 安装

(1)在框架四周与油底壳结合面上涂乐泰 5910 胶，合上油底壳，将油底壳的紧固螺栓装上。涂胶线如图 1-28 所示。

(2)拧紧螺栓。先预紧使其足够压合，然后拧紧到规定力矩。拧紧顺序如图 1-28 所示。拧紧力矩为(20 +5)N·m。

(3)加注发动机机油到规定量。

二、机油集滤器的拆装

所需工具:10 号开口扳手,8 号、10 号、15 号、17 号套筒,棘轮扳手,乐泰 5901 胶,发动机机油。

1. 拆卸

(1)拆掉油底壳。

(2)用 8 号套筒扳手拆下机油集滤器与机油泵的 2 个连接螺栓,如图 1-29 所示。

(3)小心拿出机油集滤器。

2. 安装

(1)将机油集滤器凸缘面用螺栓紧固于机油泵上,拧紧力矩为(8 +3)N·m。

(2)安装油底壳。

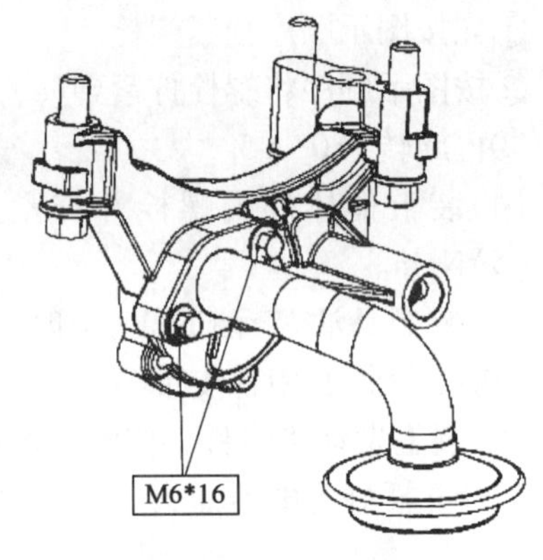

图 1-29　拆卸机油集滤器与机油泵的连接螺栓

三、机油泵的拆装

所需工具:大套筒工具一套,小套筒工具一套,开口扳手一套。

1. 拆卸

(1)拆掉油底壳。

(2)用 10 号套筒扳手拆下机油泵与框架的 3 个连接螺栓,如图 1-30 所示,取出机油泵并拆下机油收集器。

2. 安装

(1)将机油收集器与机油泵用螺栓安装在一起,拧紧力矩为(8 +3)N·m。将机油泵两定位销对准框架孔,使机油泵与框架接合面贴合后,用螺栓将机油泵安装于框架上,拧紧力矩为(20 +5)N·m。

(2)安装油底壳。

(3)恢复其他部件。

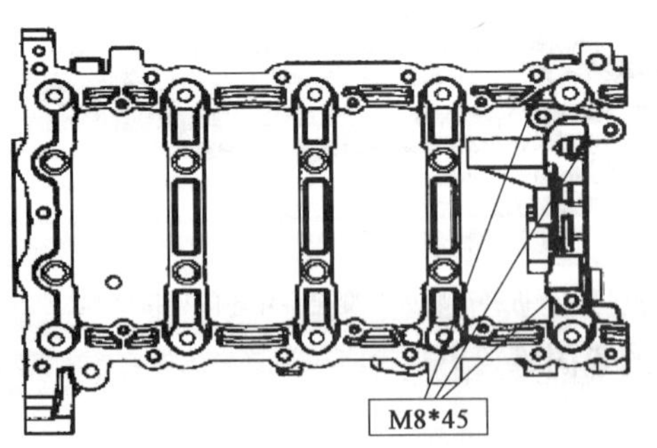

图 1-30　拆卸机油泵与框架的连接螺栓

四、更换滤芯

所需工具:17 号套筒,27 号套筒。

1. 拆卸

(1)放油。

(2)待油放干净后,用 27 号套筒拆卸下滤芯盖子，拔出滤芯。

2. 安装

(1)擦拭干净滤芯安装腔体，保证无杂物残留；检查滤芯盖有无磨损。

(2)装上新滤芯，拧紧检查过的滤芯盖，拧紧力矩为(25+3)N·m。

(3)加注发动机油至规定量。

任务五　冷却系统的拆装

一、拆卸节温器

节温器结构图如图1-31所示。

所需工具：开口钳，10号套筒，棘轮扳手。

1. 拆卸

(1)用开口钳松开节温器座总成出水管上的卡箍，放出冷却液。

(2)用10号套筒扳手拆下节温器盖总成上的3个螺栓，安装力矩为(8+3)N·m。

(3)取出节温器。

2. 检修

将节温器放在水里面煮，和温度计配合使用。观察节温器打开的温度和全开时的温度。如果检测到的节温器温度不正常，应更换新的节温器。正常开启时的温度为82℃，全开时的温度为97℃。

3. 安装

安装步骤与拆卸相反。安装完成后请将发动机冷却液填充到规定量。

二、更换水泵

水泵结构图如图1-32所示。

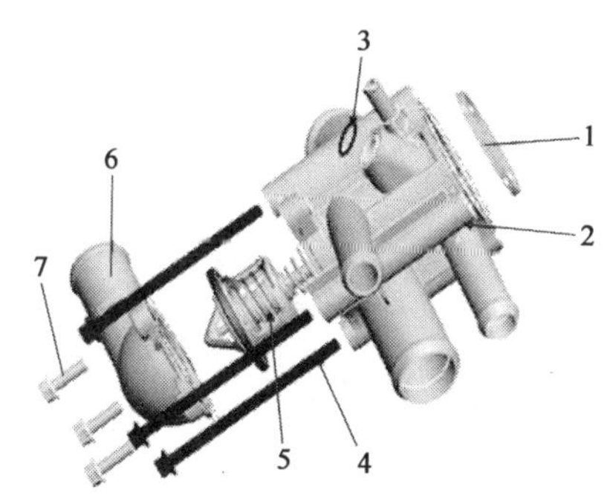

图1-31　节温器结构图

1-密封圈；2-节温器座总成；3-O形圈；4-六角凸缘面螺栓；5-节温器总成；6-节温器盖总成；7-六角凸缘面螺栓

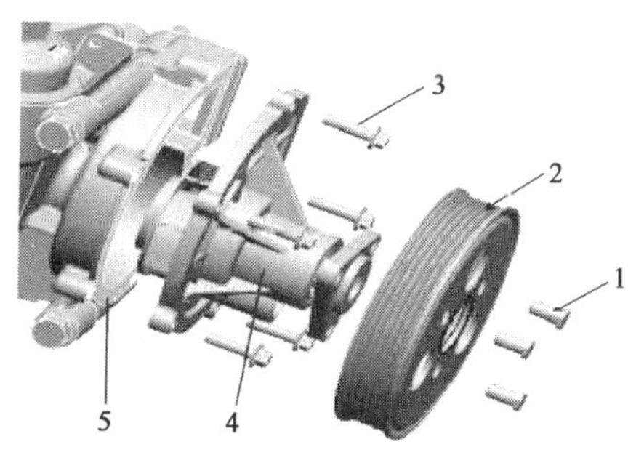

图1-32　水泵结构图

1-六角凸缘面螺栓；2-水泵带轮；3-六角凸缘面螺栓；4-水泵本体；5-机滤模块

所需工具：13号、8号套筒，棘轮扳手。

1. 拆卸

(1)卸下附件皮带

(2)用13号套筒拆下水泵带轮上的3个螺栓,取下带轮[安装力矩为(20+5)N·m]。

(3)松开发动机出水管,放掉冷却液。

(4)用8号套筒拆下水泵本体上的5个的螺栓,拆下水泵[安装力矩为(8+3)N·m]。

2. 安装

安装顺序与拆卸相反。安装完成后请加注足量冷却液。

任务六　进气、排气系统的拆装

一、拆装进气歧管总成

所需工具:8号、10号、13号套筒,棘轮扳手,十字螺丝刀,卡箍钳子。

1. 拆卸

(1)拆除进气软管及其卡箍,如图1-33所示。

(2)拆除进气歧管上各线束插头,如图1-34所示。

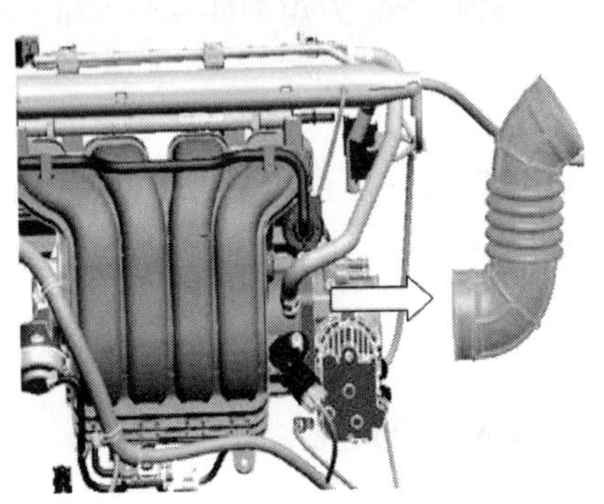

图1-33　拆卸进气软管

图1-34　拆卸进气歧管上各线束插头

(3)拆除歧管与整车制动真空管单向阀的连接,如图1-35所示。

(4)拆除曲通软管与歧管的连接及其卡箍,如图1-36所示。

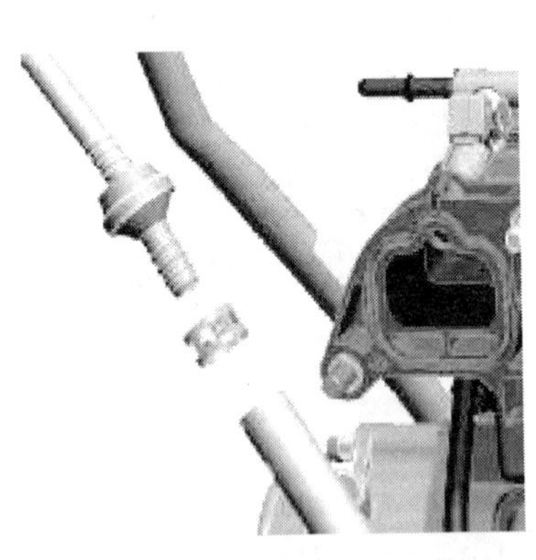

图1-35　拆卸歧管与整车制动真空管单向阀的连接

图1-36　拆卸曲通软管与歧管的连接

(5)拆除碳罐电磁阀与炭管电磁阀软管1的连接及其卡箍,如图1-37所示。

(6)拆除固定机油标尺管的装饰罩支架,如图1-38所示。

(7)拆除进气歧管固定在缸盖凸缘面上的两个六角凸缘面螺栓以及3个六角凸缘面锁紧

螺母[安装力矩为(20 +5)N·m],拆除燃油导轨,如图 1-39 所示。

(8)将塑料进气歧管带密封圈总成从发动机上取下后,拆除节流阀体及其紧固螺栓,如图 1-40 所示。

图 1-37 拆卸碳罐电磁阀与碳罐电磁阀软管 1 的连接

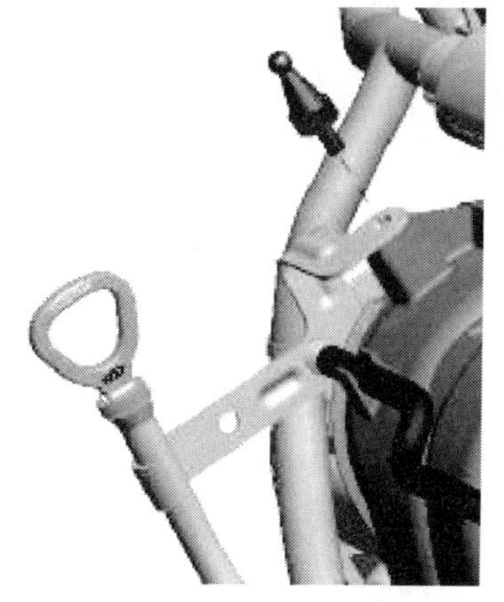

图 1-38 拆卸固定机油标尺管的装饰罩支架

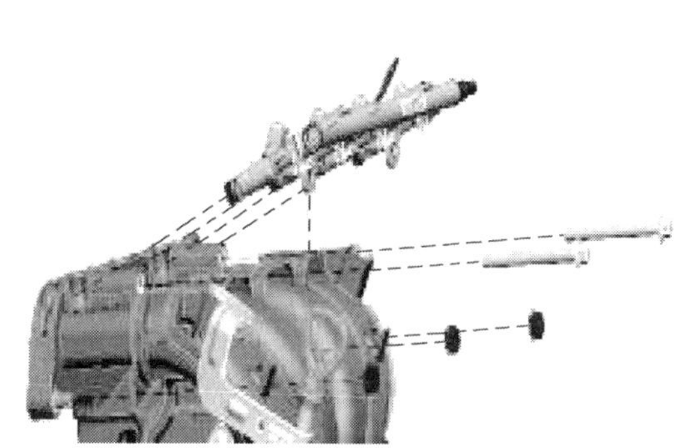

图 1-39 拆卸燃油导轨

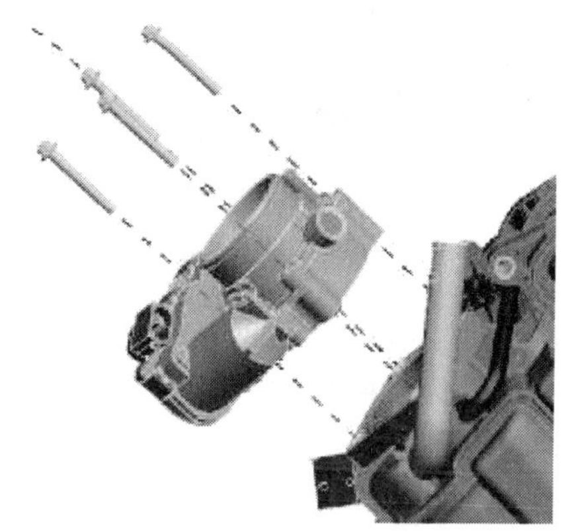

图 1-40 拆卸节流阀体

(9)拆除制动真空软管和卡箍,如图 1-41 所示。

(10)拆除碳罐电磁阀与碳罐电磁阀软管 2 和卡箍,如图 1-42 所示。

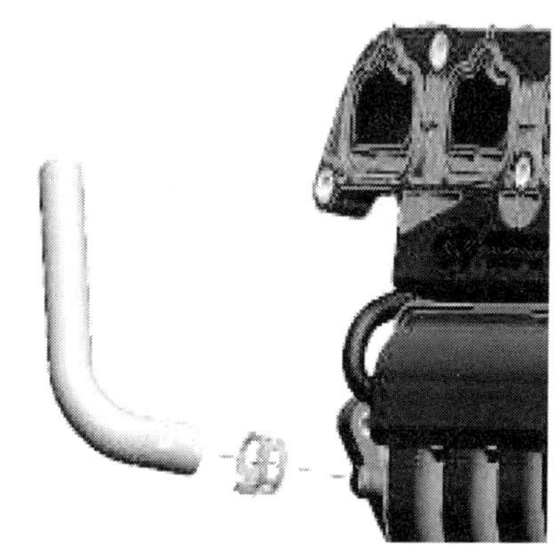

图 1-41 拆卸制动真空软管

图 1-42 拆卸碳罐电磁阀与碳罐电磁阀软管 2

(11)拆除 TMAP 及其紧固螺栓,如图 1-43 所示。

2. 安装

安装顺序与拆卸顺序相反。

二、拆装排气歧管总成

所需工具:8 号、10 号、13 号套筒,棘轮扳手,22 号开口扳手。

1. 拆卸

(1)拆除氧传感器,如图 1-44 所示。

图 1-43 拆卸 TMAP

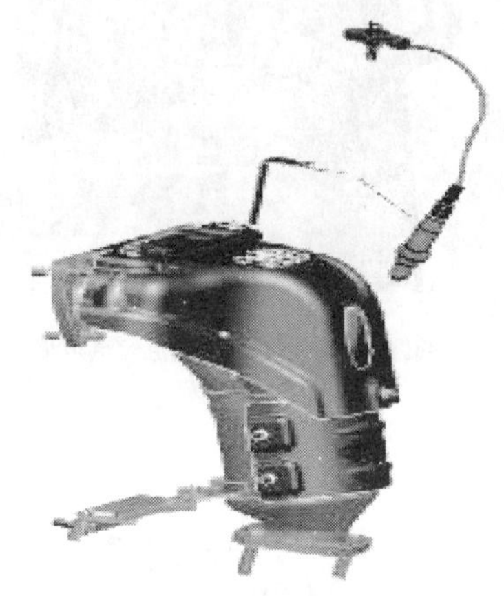

图 1-44 拆卸氧传感器

(2)拆除氧传感器线束支架与上隔热罩,如图 1-45 所示。

(3)拆除歧管支架与缸体连接的螺栓,与排气前管的连接,如图 1-46 所示。

1-45 拆卸氧传感器线束支架与上隔热罩

图 1-46 拆除歧管支架与缸体的连接

(4)拧松排气歧管的 7 个锁紧螺母,如图 1-47 所示。

(5)从发动机上取下排气歧管,拆除预催化器隔热罩,如图 1-48 所示。

2. 安装

安装顺序与拆卸顺序相反。

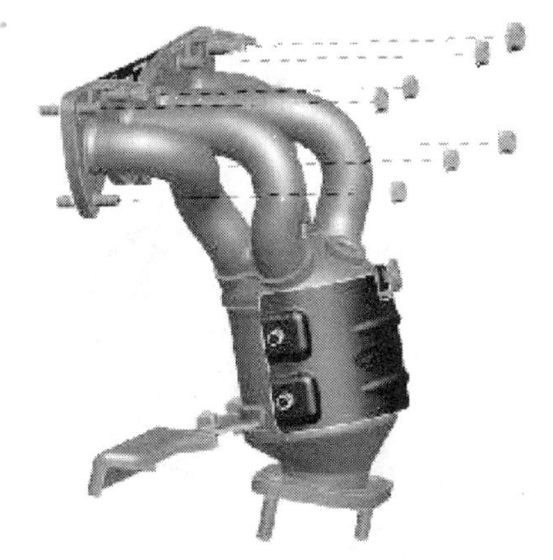

图 1-47　拆卸排气歧管

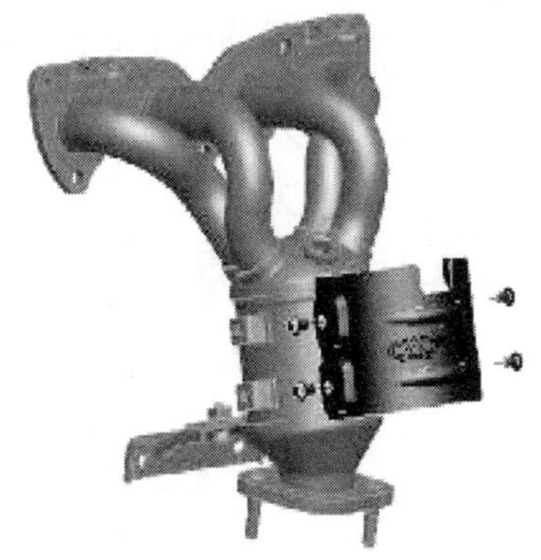

图 1-48　拆卸预催化器隔热罩

任务七　发动机附件系统的拆装

1. 附件皮带的拆装

(1)将棘轮头部插入张紧器,按照图 1-49 所示方向用力,使张紧器转动后,从发电机处拿下皮带。

(2)拆掉张紧器螺栓[安装力矩为(40 +5)N·m],拿下张紧器和皮带。

(3)装配时先将皮带套进张紧轮后,再安装张紧器。

2. 转向泵的拆装

(1)使用 10 号套筒依次拆掉转向泵的 3 根螺栓,即可将转向泵取出,如图 1-50 所示。

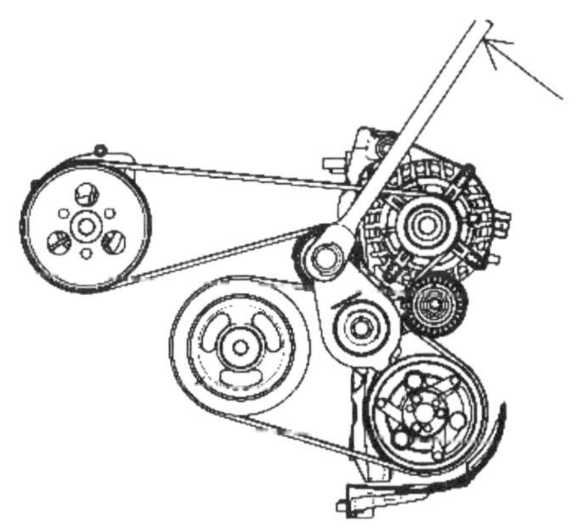

图 1-49　拆卸附件皮带

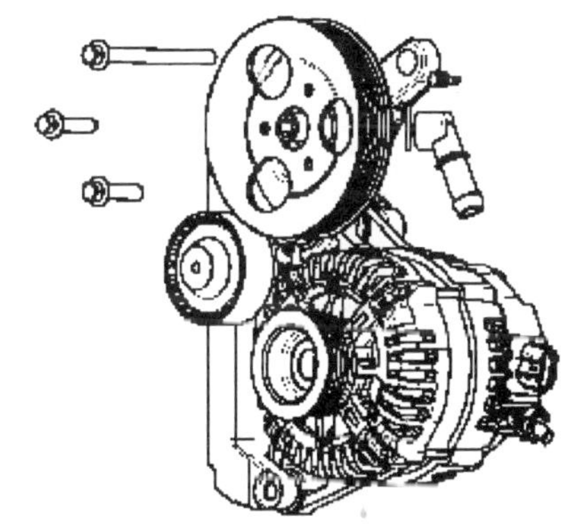

图 1-50　拆卸转向泵

(2)装配时采用相反操作即可。螺栓力矩为(20 +5)N·m。

3. 发电机的拆装

(1)拆掉电源正极线,避免短路。

(2)拆除转向泵。

(3)使用 10 号套筒依次拆掉发电机的两根螺栓,即可将发电机拆除,如图 1-51 所示。

(4)装配时采用相反操作即可。螺栓力矩为(20 +5)N·m。

4. 起动机的拆装

(1)拆掉电源正极线,避免短路。

(2)将起动机上的线束及接插件拔出。

(3)依次拆掉起动机的两个螺栓,起动机即可拆除,如图 1-52 所示。

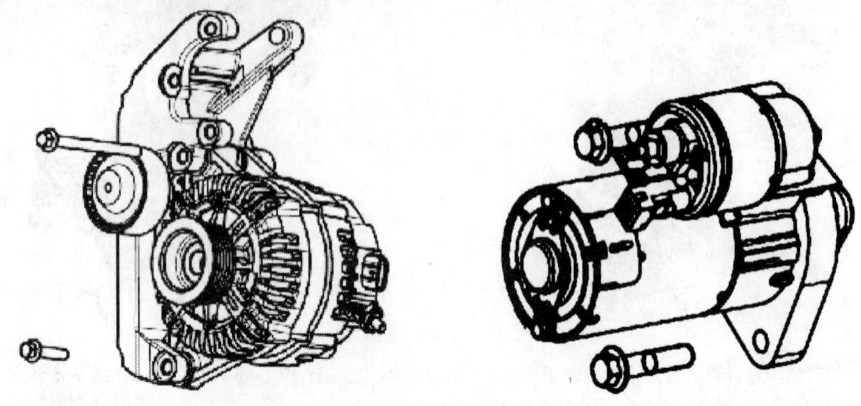

图 1-51　拆卸发电机　　　　图 1-52　拆卸起动机

(4)装配时按照相反次序即可。螺栓力矩为(35 +5)N·m。

项目二　奇瑞 A3 车型发动机控制系统

Z 知识目标

1. 知道奇瑞 A3 车型发动机控制系统的基本结构。
2. 知道奇瑞 A3 车型发动机控制系统部件结构与工作原理。
3. 知道奇瑞 A3 车型发动机常见的典型故障案例。

N 能力目标

1. 能够规范进行奇瑞 A3 车型发动机控制系统部件的安装。
2. 能够独立完成奇瑞 A3 车型发动机控制系统部件的故障分析。
3. 能够独立完成奇瑞 A3 车型发动机典型故障的分析。
4. 能够正确使用拆装工具与诊断设备。

S 素质目标

1. 自我学习能力。
2. 交流沟通能力。
3. 团结协作能力。
4. 安全操作能力。

任务一　发动机控制系统

奇瑞 A3 车型发动机配置的是联合电子的 ME7.8.8 发动机控制系统。该系统主要由传感器、微处理器(ECU)、执行器三部分组成,对发动机工作时的吸入空气量、喷油量和点火提前角进行控制。

1. 发动机控制系统的结构

在发动机控制系统中,传感器作为输入部分,用于测量各种温度、压力等物理信号,并将其转化为相应的电信号;ECU 的作用是接受传感器的输入信号,并按设定的程序进行计算处理,产生相应的控制信号输出到功率驱动电路,功率驱动电路通过驱动各个执行器执行不同的动作,使发动机按照既定的控制策略进行运转;同时 ECU 的故障诊断系统对系统中各部件或控制功能进行监控,一旦探测到故障并确认后,则存储故障代码,调用"跛行回家"功能,当探测到故障被消除,则正常值恢复使用。

ME7.8.8 发动机控制系统的最大特点是采用基于转矩的控制策略。转矩为主控制策略的主要目的是把大量各不相同的控制目标联系在一起。

ME7.8.8 发动机控制系统的基本组件有电子控制器(ECU)、进气压力温度传感器、冷却液温度传感器、相位传感器、转速传感器、爆震传感器、氧传感器、电子节气门体、电子加速踏板、喷油器、电子燃油泵、燃油压力调节器、点火线圈等。ME7.8.8 发动机控制系统结构如图 2-1 所示。

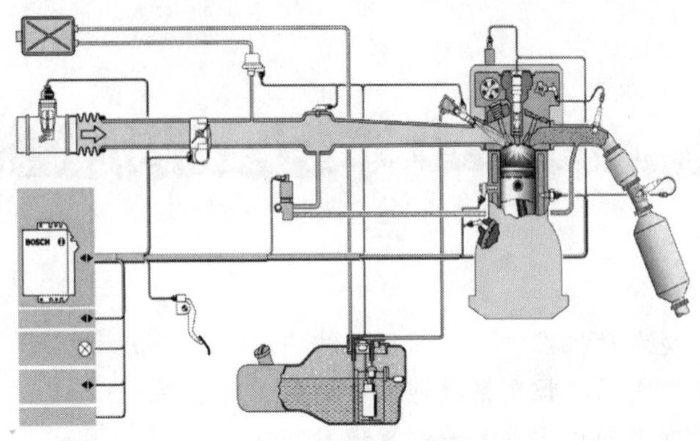

图 2-1　ME7.8.8 发动机控制系统结构

2. 发动机控制系统的功能

(1)起动控制

在起动过程中,要采取特殊计算方法来控制充量、喷油和点火正时。该过程的开始阶段,进气歧管内的空气是静止的,进气歧管内部压力显示为周围大气压力。节气门关闭,怠速调节器指定为一个根据起动温度而定的固定参数。在相似的过程中,特定的"喷油正时"被指定为初始喷射脉冲。

燃油喷射量根据发动机的温度而变化,以促使进气歧管和汽缸壁上的油膜的形成,因此,当发动机达到一定转速前,要加浓混合气。一旦发动机开始运行,系统立即开始减少起动加浓,直到起动工况结束时完全取消起动加浓。在起动工况下点火角也不断调整。随着发动机温度、进气温度和发动机转速而变。

(2)暖机和三元催化器的加热控制

发动机在低温起动后,汽缸充气量、燃油喷射和电子点火都被调整,以补偿发动机更高的转矩要求,该过程继续进行直到上升到适当的温度阈值。在该阶段中,最重要的是三元催化器的快速加热,因为迅速过渡到三元催化器开始工作,可大大减少废气排放。在此工况下,采用适度推迟点火提前角的方法利用废气进行"三元催化器加热"。

(3)加速/减速和倒拖断油控制

喷射到进气歧管中的燃油,有一部分不会及时到达汽缸参加接着的燃烧过程。相反,它在进气歧管壁上形成一层油膜。根据负荷的提高和喷油持续时间的延长,储存在油膜中的燃油量会急剧增加。当节气门开度增加,部分喷射的燃油被该油膜吸收。所以,必须喷射相应的补充燃油量对其补偿并防止混合气在加速时变稀。一旦负荷系数降低,进气歧管壁上燃油膜中包含的附加燃油会重新释放,那么在减速过程中,必须减少相应的喷射持续时间。

倒拖或牵引工况指发动机在飞轮处提供的功率是负值的情况。在这种情况下,发动机的摩擦和泵气损失可用来使车辆减速。当发动机处于倒拖或牵引工况时,喷油被切断以减少燃油消耗和废气排放,更重要的是保护三元催化器。

一旦转速下降到怠速以上特定的恢复供油转速时,喷油系统重新供油。实际上,ECU 的程序中有一个恢复转速的范围。它们根据发动机温度,发动机转速动态变化等参数的变化而不同,并且通过计算防止转速下降到规定的最低阈值。

一旦喷射系统重新供油，系统开始使用初次喷射脉冲供给补充燃油，并在进气歧管壁上重建油膜。恢复喷油后，转矩为主的控制系统，使发动机转矩的增加缓慢而平稳。

(4)怠速控制

怠速时，发动机不提供转矩给飞轮。为保证发动机在尽可能低的怠速下稳定运行，闭环怠速控制系统，必须维持产生的转矩与发动机“功率消耗”之间的平衡。怠速时需要产生一定的功率，以满足各方面的负荷要求。它们包括来自发动机曲轴和配气机构以及辅助部件，如水泵的内部摩擦。

ME7.8.8 系统以转矩为主控制策略，依据闭环怠速控制来确定在任何工况下，维持要求的怠速转速所需的发动机输出转矩。该输出转矩随着发动机转速的降低而升高，随发动机转速的升高而降低。系统通过要求更大转矩以响应新的“干扰因素”，如空调压缩机的开停或自动变速器换挡。在发动机温度较低时，为了补偿更大的内部摩擦损失或维持更高的怠速转速，也需要增加转矩。所有这些输出转矩要求的总和被传递到转矩协调器，转矩协调器进行处理计算，得出相应的充气量密度，混合气成分和点火正时。

(5)λ 闭环控制

三元催化器中的排气后处理是降低废气中有害物质浓度的有效方法。三元催化器可降低碳氢(HC)，一氧化碳(CO)和氮氧化物(NO_x)达 98% 或更多，把它们转化为水(H_2O)，二氧化碳(CO_2)和氮(N_2)。不过只有在发动机过量空气系数 $\lambda=1$ 附近很狭窄的范围内才能达到这样高的效率，λ 闭环控制的目标就是保证混合气浓度在此范围内。

λ 闭环控制系统只有配备氧传感器才能起作用。氧传感器在三元催化器侧的位置监测废气中的氧含量，稀混合气($\lambda>1$)产生约 100mV 的传感器电压，浓混合气($\lambda<1$)产生约 900mV 的传感器电压。当 $\lambda=1$ 时，传感器电压有一个跃变。λ 闭环控制对输入信号作出响应修改控制变量，产生修正因子作为乘数以修正喷油持续时间。

(6)蒸发排放控制

由于外部辐射热量和回油热量传递的原因，油箱内的燃油被加热，并形成燃油蒸汽。由于受到蒸发排放法规的限制，这些含有大量 HC 成分的蒸汽不允许直接排入大气中。在系统中，燃油蒸气通过导管被收集在活性碳罐中，并在适当的时候，通过冲洗进入发动机参与燃烧过程。冲洗气流的流量是由 ECU 控制碳罐控制阀来实现的。该控制仅在 λ 闭环控制系统闭环工作情况下才工作。

(7)爆震控制

系统通过安装在发动机适当位置的爆震传感器，检测爆震产生时的特性振动，转换成电子信号，以便传输到 ECU 中并进行处理。ECU 使用特殊的处理算法，在每个汽缸的每个燃烧循环中，检测是否有爆震现象发生。一旦检测到爆震，则触发爆震闭环控制。当爆震危险消除后，受影响的汽缸的点火逐渐重新提前到预定的点火提前角。爆震控制的阈值，对不同的工况和不同标号的燃油具有良好的适应性。

3. 发动机控制系统的故障诊断功能

(1)故障信息记录

电子控制单元不断地监测着传感器、执行器、相关的电路、故障指示灯和蓄电池电压等，乃至电子控制单元本身，并对传感器输出信号、执行器驱动信号和内部信号进行可信度检测。一旦发现某个环节出现故障，或者某个信号值不可信，电子控制单元立即在 RAM 的故障存储器中设置故障信息记录。故障信息记录以故障码的形式储存，并按故障出现的先后顺序显示。

(2)故障诊断路径和故障类型

故障诊断路径就是一个能对 EMS 系统内的某个传感器、执行器或其他进行功能性检查的故障诊断子功能。通过各自诊断路径，故障信息被送到故障诊断管理模块，最后由管理模块作相应处理，决定是否点亮故障灯或是否在诊断仪显示。当某条故障诊断路径上诊断到故障，同时也会判别出故障的类型。

故障的类型有以下几种：

①最大故障，信号超过正常范围的上限。

②最小故障，信号超过正常范围的下限。

③信号故障，无信号。

④不合理故障，有信号，但信号不合理。

(3)诊断仪连接

本系统采用"K"线通讯协议，并采用 ISO9141-2 标准诊断接头，如图 2-2 所示。这个标准诊断接头是固定地连接在发动机线束上的。用与发动机管理系统 EMS 的是标准诊断接头上的 4、7 和 16 号针脚。标准诊断接头的 4 号针脚连接车上的地线；7 号针脚连接 ECU 的 71 号针脚，即发动机数据"K"线；16 号针脚连接蓄电池正极。

图 2-2　诊断接头

4. 一般维修须知

(1)只允许使用数字万用表对电喷系统进行检查工作。

(2)维修作业请使用正品零部件，否则无法保证电喷系统的正常工作。

(3)维修过程中，只能使用无铅汽油。

(4)请遵守规范的维修诊断流程进行维修作业。

(5)维修过程中禁止对电喷系统的零部件进行分解拆卸作业。

(6)维修过程中，拿电子元件(电子控制单元、传感器等)时，要非常小心，不能让它们掉到地上。

(7)树立环境保护意识，对维修过程中产生的废弃物进行有效地处理。

5. 维修过程注意事项

(1)不要随意将电喷系统的任何零部件或其接插件从其安装位置上拆下，以免意外损坏或水分、油污等异物进入接插件内，影响电喷系统的正常工作。

(2)当断开和接上接插件时，一定要将点火开关置于关闭位置，否则会损坏电器元件。

(3)在进行故障的热态工况模拟和其他有可能使温度上升的维修作业时，绝不要使电子控制单元的温度超过 80℃。

(4)电喷系统的供油压力较高(350kPa 左右)，所有燃油管路都是采用耐高压燃油管。即使发动机没有运转，油路中也保持较高的燃油压力。所以在维修过程中要注意不要轻易拆卸油管，在需对燃油系统进行维修的场合时，拆卸油管前应对燃油系统进行卸压处理，卸压方法是拆下燃油泵继电器，起动发动机使其怠速运转，直到发动机自行熄灭。油管的拆卸和燃油滤清器的更换应在通风良好的地方由专业维修人员进行。

(5)从燃油箱中取下电动燃油泵时不要给油泵通电，以免产生电火花，引起火灾。

(6) 燃油泵不允许在干态下或水里进行运转试验，否则会缩减其使用寿命，另外燃油泵的正负极切不可接反。

(7)对点火系统进行检查时,只有在必要的时候才进行跳火花检测,并且时间要尽可能短,检测时不能打开节气门,否则会导致大量未燃烧的汽油进入排气管,损坏三元催化器。

(8)由于怠速的调节完全由电喷系统完成,不需要人工调节。节气门体的油门限位螺钉在生产厂家出厂时已调好,不允许用户随意改变其初始位置。

(9)连接蓄电池时蓄电池的正负极不能接错,以免损坏电子元件,本系统采用负极搭铁。

(10)发动机运转时,不允许拆卸蓄电池电缆。

(11)在汽车上实施电焊前,必须将蓄电池正极、负极电缆线及电子控制单元拆卸下来。

(12)不要用刺穿导线表皮的方法来检测零部件输入输出的电信号。

任务二　发动机控制系统部件结构、原理及故障分析

1. 电子加速踏板

(1)安装位置

电子加速踏板如图 2-3 所示,其安装于车身的前围板上。

(2)工作原理

电子加速踏板接收驾驶员加速踏板的反馈信息,通过 ECU 对各个工况的信号综合处理,调整电子节气门的开度,达到满足发动机不同工况下进气需求的目的。

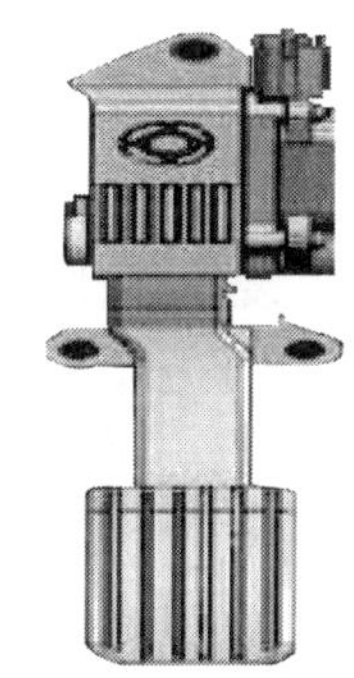
图 2-3　电子加速踏板

电子加速踏板主要由机械部分和传感器组成,输出随踏板行程线性变化的电信号,并使驾驶员感受到变化的踩踏力和力滞。

(3)安装注意事项

安装时拧紧力矩为(8 ±0.5)N·m,此拧紧扭矩只对带安装衬套的电子加速踏板有效;安装电子加速踏板时必须使用自锁螺栓;垫片的最小直径为 12mm。电子加速踏板必须按照要求安装和定位。不允许擅自改变,也不允许把电子加速踏板当作其他零件的承载物件。在电子加速踏板安装过程中和安装结束后,必须避免在系统中安装其他可能对电子加速踏板功能有破坏影响的零件,同时要防止杂质进入电子加速踏板。

(4)故障现象及判断方法

①故障现象:踩下踏板后,发动机转速没有上升。

②一般故障原因:加速踏板传感器故障。

③判断方法

断开线束连接,把数字万用表打到欧姆挡,两表笔分别接传感器 2、3 号针脚,常温下电阻值应为(1.2 ±0.4)kΩ;传感器 1、5 号针脚,常温下电阻值应为(1.7 ±0.8)kΩ 。两表笔分别接传感器 2、4 号针脚或 1、6 号针脚,转动踏板,其电阻值应随踏板转动而均匀变化,不应有较大突变。

也可用诊断仪与电喷系统 ECU 进行通讯,读取 ECU 中故障数据,对加速踏板位置传感器的失效作出判断。

2. 电子节气门体

(1)安装位置

电子节气门体如图 2-4 所示,电子节气门体凸缘面一端通过螺栓和密封圈与进气歧管相

连,另一端与空滤器软管通过卡箍相连。

图 2-4　电子节气门体

(2)工作原理

电子节气门体根据驾驶员的驾驶意图,调节进气通道面积,从而控制进气量,满足发动机不同工况下的进气需求,同时将节气门阀板的位置信号反馈给控制单元实现精确控制。

电子节气门体由驱动模块、传动模块、执行模块和反馈模块四大部分构成,所有零部件全部集成在一个节气门壳体中。发生故障时,节气门阀板会停在采用机械方式确定的跛行回家位置(NLP),它位于机械下止点上方。

(3)安装注意事项

螺栓拧紧力矩为 10N·m,按对角顺序来拧紧螺栓。拧紧节气门体时导致的零件变形只能发生在进气歧管上。当把零件安装到车上时,必须防止冷凝水进入节气门体轴孔内。严禁对带电的电子节气门体进行拆卸。使车辆冷却至室温后才能拆卸电子节气门体,防止过热防冻液弄湿黑色盖板和接插件等。

(4)故障现象及判断方法

①故障现象:车辆加速无力,节气门阀片频繁回位或卡死。

②一般故障原因:线束或传感器工作不良,导致 ECU 产生误判,强制控制电子节气门体处于小开度状态;使用过程或维修过程中跌落或碰撞导致内部零件破裂;发动机歧管处振动量级超标;由于发动机问题,导致电子节气门体积炭严重。

③判断方法

机械损伤判断方法为:在未通电状态下,阀片应处于 NLP 位置,用手拨动,阀片应能较顺畅的转动,如出现卡死现象,表明内部件可能有破损情况。

内部传感器简易测量:卸下接头,把数字万用表打到欧姆挡,两表笔分别接 IP1S 与 IPM 针脚,用手拨动阀片,阻值应连续变化;两表笔分别接 IP2S 与 IPM 针脚,用手拨动阀片,阻值应连续变化。

3. 进气压力温度传感器

(1)安装位置

进气压力温度传感器如图 2-5 所示,这个传感器由两个传感器即进气歧管绝对压力传感器和进气温度传感器组合而成,装在进气歧管上。

(2)工作原理

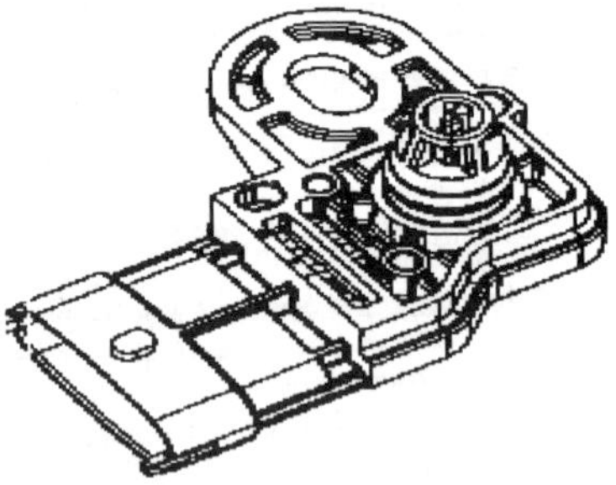

进气歧管绝对压力传感元件由一片硅芯片组成。在硅芯片上蚀刻出一片压力膜片。压力膜片上有 4 个压电电阻,这 4 个压电电阻作为应变元件组成一个惠斯顿电桥。硅芯片上除了这个压力膜片以外,还集成了信号处理电路和温度补偿电路。参考真空腔就集成在硅片里,参考空间内的气体绝对压力接近于零。这样就形成了一个微电子机械系统。待测的进气歧管绝对压力从上面作用在硅膜感测压力的一面上。硅芯片的厚度只有几微米,所以进气歧管绝对压力的改变会使硅芯片发生机械变形,4 个压电电阻跟着变形,其电阻值改变。通过硅芯片的信号处理电路处理后,形成与压力成线性关系的电压信号。

图 2-5　进气压力温度传感器

进气温度传感元件是一个负温度系数(NTC)的电阻,电阻随进气温度变化,此传感器送给控制器一个表示进气温度变化的电压。

(3)安装注意事项

压力接管和温度传感器一起突出于进气歧管之中,用一个 O 形圈实现对大气的密封。采取合适的方式安装到汽车上,确保不会在压力敏感元件上形成冷凝水。

(4)故障现象及判断方法

①故障现象:熄火、怠速不良等。

②一般故障原因:使用过程有不正常高压或反向大电流;维修过程使压力芯片受损。

③判断方法。

温度传感器部分:卸下接头,把数字万用表打到欧姆挡,两表笔分别接传感器 1 号、2 号针脚,20℃时额定电阻为 2.5kΩ ±5%,其他对应的电阻数值可由上图特征曲线量出。测量时也可用模拟的方法,具体为用电吹风向传感器送风,但不可靠得太近,观察传感器电阻的变化,此时电阻应下降。

压力传感器部分:接上接头,把数字万用表打到直流电压挡,黑表笔接地,红表笔分别与 3 号、4 号针脚连接。怠速状态下,3 号针脚应有 5V 的参考电压,4 号针脚电压为 1.3V 左右;空载状态下,慢慢打开节气门,4 号针脚的电压变化不大;快速打开节气门,4 号针脚的电压可瞬间达到 4V 左右,然后下降到 1.5V 左右。

4.爆震传感器

(1)安装位置

爆震传感器如图 2-6 所示,3 缸发动机安装在 2 缸中间;4 缸发动机安装在 2 ~ 3 缸之间。

(2)工作原理

爆震传感器是一种监测振动信号的传感器,装在发动机汽缸体上。可以安装一个,也可以安装多个。传感器的敏感元件是一个压电陶瓷。发动机汽缸体的振动通过传感器内的质量块传递到压电陶瓷上。压电陶瓷由于受质量块振动产生的压力,在两个电极面上产生电压,把振动信号转变成交变的电压信号输出。

图 2-6 爆震传感器

由于发动机爆震引起的振动信号的频率比发动机正常的振动信号频率高得多,所以 ECU 对爆震传感器的信号进行处理后可以区分出爆震和非爆震信号。

(3)安装注意事项

爆震传感器的中间有孔,用一个 M8 的螺栓紧固在汽缸体上。对于铝合金的汽缸体,采用 30mm 长的螺栓;对于铸铁的汽缸体,采用 25mm 长的螺栓。拧紧力矩(20 ±5)N·m。安装位置应使传感器容易接受到来自所有汽缸的振动信号。应当通过对发动机机体的模态分析,来确定爆震传感器的最佳安装位置。注意不要让各种液体如机油、冷却液、制动液、水等长时间接触到传感器。安装时不允许使用任何类型的垫圈。传感器必须以其金属面紧贴在汽缸体上。传感器的信号电缆布线时应该注意,不要让信号电缆发生共振,以免断裂。必须避免在传感器的 1 号和 2 号针脚之间接通高压电,因为这样一来可能会损坏压电元件。

(4)故障现象及判断方法

①故障现象:加速不良等。

②一般故障原因:各种液体如机油、冷却液、制动液、水等长时间接触到传感器,对传感器

造成腐蚀。

③判断方法。

卸下接头，把数字万用表打到欧姆挡，两表笔分别接传感器插头型爆震传感器 1 号、2 号及线缆型爆震传感器 1 号、2 号针脚，常温下其阻值应大于 1MΩ。把数字万用表打到毫伏挡，用小锤在爆震传感器附近轻敲，此时应有电压信号输出。

5. 氧传感器

(1)安装位置

氧传感器如图 2-7 所示，前氧传感器安装在排气管催化器前端，后氧传感器安装在催化器后端。

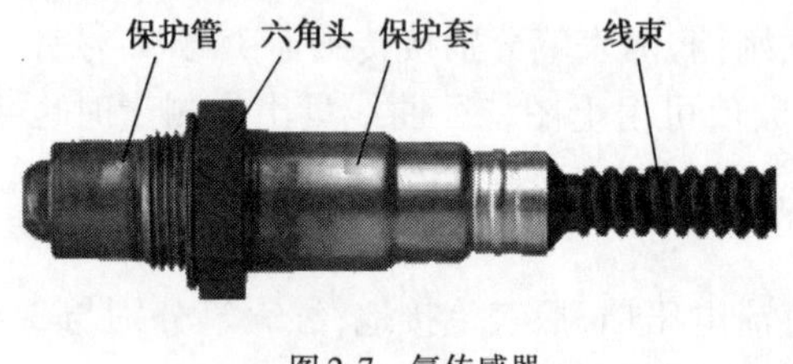

图 2-7 氧传感器

(2)工作原理

氧传感器安装在排气气道上，测定废气中的氧气含量、确定汽油与空气是否完全燃烧，以确保三元催化转化器对排气中 HC、CO 和 NO_x 有最大转化效率。氧传感器的工作是通过将传感陶瓷管内外的氧浓度差转化成电压信号输出来实现的。

(3)安装注意事项

氧传感器的拧紧力矩为 40 ~ 60N·m，并使用规定的安装脂。不得在氧传感器的插头上使用清净液、油性液体或挥发性固体。

(4)故障现象及判断方法

①故障现象：怠速不良、加速不良、尾气超标、油耗过大等。

②一般故障原因：接插件端子松脱、锈蚀、端子不平整，或者线束断线、虚接等，导致诊断仪显示氧传感器信号故障和氧传感器加热故障等；飞石等机械冲击造成传感器损坏；湿气、冷凝水或污染物进入传感器内部，造成传感器失效或信号不良；由于失火引起的排气管道后燃，使得氧传感器传感元烧损；氧传感器中毒。

③判断方法。

线束及接插件：

a. 检查氧传感器加热控制线（两根白线）、信号线（黑色）和信号接地线（灰色）是否存在开路或短路，如果存在，则更换线束。因为线束故障，同样会报氧传感器相关故障。

b. 检查氧传感器线束接插件公端和母端端子是否锈蚀，端子是否水平，如果存在，则需要调整端子、清洁端子或更换线束，因为线束虚联，同样会报氧传感器相关故障的。

c. 而此时不能先更换零件，而是先检查线束。

氧传感器：

a. 检查传感器表面是否有破损凹坑，如果存在，可能是机械损伤造成了传感器故障。

b. 将氧传感器的外密封圈压住，贴近耳朵轻轻摇动，如有异响说明内部的陶瓷传感元件破裂，是因为温度冲击或者机械外力引起的失效，氧传感器被动损坏，非氧传感器自身质量问题。

c. 用发动机诊断仪与电喷系统 ECU 进行通讯，读取 ECU 中的故障数据，从而可以对氧传感器的失效作出判断。

d. 拆下插头，将数字万用表打到欧姆挡，两表笔分别接传感器加热（+）与加热（-）两端针脚，常温下阻值为 7 ~ 11Ω。

e. 拆下插头，测量两根白色加热线是否有 12V 电压，如没有，检查线束。

f. 接上插头，怠速状态下，待氧传感器达到其工作温度350℃时(约过3min)，把数字万用表打到直流电压挡，两表笔分别接传感器黑色(+)、灰色针脚(-)，此时电压应在0.1～0.9V快速的波动，如果没有或变化缓慢，说明氧传感器可能由于污染而中毒失效。

g. 若上述排查项都没有问题，则可判断非氧传感器故障，需要进行其他零件的故障排查。

6. 被动式转速传感器

(1)安装位置

安装在变速器离合器壳体上，位于发动机缸体左侧后面。

(2)工作原理

被动式转速传感器的工作原理是利用磁电效应，当曲轴转动时，带动传感信号轮一起转动，传感信号轮上的齿将对传感器的磁力线产生切割作用，这种磁通量的变化导致传感器线圈两端产生一定频率的输出电压，输出给电子控制器，输出信号可以代表曲轴的转速和位置。

(3)安装注意事项

传感器在装车前必须一直在原包装材料内，从包装材料内取出传感器，需检查传感器，必须未损坏及未被脏物污染。禁止对传感器的任何维修。传感器装入发动机前，O形圈需要抹润滑油，然后压入传感器，不能使用工具敲入，最后使用螺钉进行固定，拧紧力矩为(8±2)N·m。

(4)故障现象及判断方法

①故障现象：不能起动等。

②一般故障原因：接插件端子松脱、锈蚀、端子不平整，或者线束断线、虚接等；传感器失效或信号不良。

③判断方法。

卸下接头，把数字万用表打到欧姆挡，两表笔分别接传感器两个接线针脚，23℃时额定电阻为1200Ω±20%。接上接头，把数字万用表打到交流电压挡，两表笔分别接传感器两个接线针脚，起动发动机，此时应有电压输出。

7. 相位传感器

(1)安装位置

相位传感器如图2-8所示，其安装于凸轮轴端盖。

(2)工作原理

相位传感器是霍尔式传感器，凸轮轴转动，带动装在端部的信号轮转动。霍尔传感器采用了霍尔原理，当信号轮处于高齿时，相应电路输出为低电平，当信号轮处于缺齿时，相应电路输出为高电平。相应地曲轴的一转有信号，另一转没有信号，这就区分了两个不同的上止点。

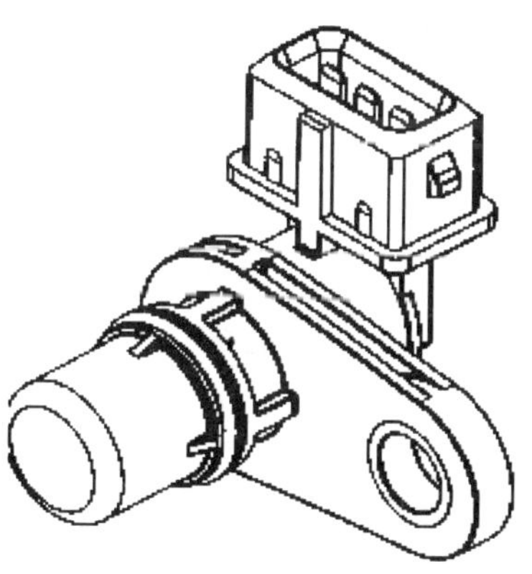

图2-8　相位传感器

(3)安装注意事项

传感器只能在装车前拆封，将它安装在发动机壳体的安装孔里。先将传感器按进孔里直到凸缘的密封位置，不要用硬物敲打，然后插入螺栓并拧紧，拧紧力矩为(10±2)N·m。接插件线束的第一个安装点必须位于传感器上离接插件的位置大概150mm(直导线长度)处。传感器和信号轮齿之间的气隙为0.5～1.5mm。

(4)故障现象及判断方法

①故障现象：排放超标、油耗增加等。

②一般故障原因:传感器失效或信号不良;人为故障。

③判断方法。

接上接头,打开点火开关但不起动发动机,把数字万用表打到直流电压挡,两表笔分别接传感器信号接地和输入电压针脚,确保有 12V 的参考电压。起动发动机,此时输出针脚信号可由车用示波器检查是否正常。

8. 冷却液温度传感器

(1)安装位置

冷却液温度传感器如图 2-9 所示,其安装在发动机出水口上。

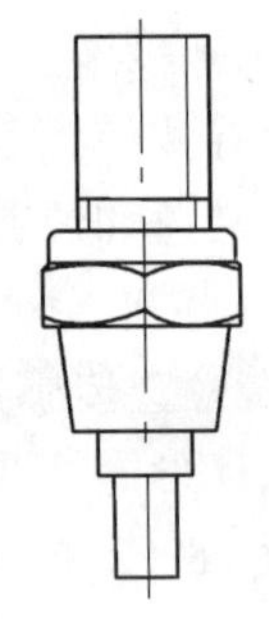

图 2-9 冷却液温度传感器

(2)工作原理

冷却液温度传感器是一个负温度系数(NTC)的热敏电阻,其电阻值随着冷却液温度上升而减小,但不是线性关系。负温度系数的热敏电阻装在一个铜质面。

(3)安装注意事项

冷却液温度传感器安装在汽缸体上,并且要将铜质导热套筒插入冷却液中。套筒有螺纹,利用套筒上的六角头可以方便地将冷却液温度传感器拧入汽缸体上的螺纹孔,最大拧紧力矩为 20N·m。

(4)故障现象及判断方法

①故障现象:起动困难等。

②一般故障原因:传感器失效或信号不良;人为故障。

③判断方法。

卸下接头,把数字万用表打到欧姆挡,两表笔分别接传感器 A 号、C 号针脚,25℃时额定电阻为 1.98kΩ ±8%。测量时也可用模拟的方法,具体为把传感器工作区域放进开水里,观察传感器电阻的变化,此时电阻应下降到 170 ~ 200Ω。

9. 电磁喷油器

(1)安装位置

电磁喷油器如图 2-10 所示,其安装在靠近进气门一端的进气歧管上。

(2)工作原理

ECU 发出电脉冲给喷油器的线圈,形成磁场力。当磁场力上升到足以克服回位弹簧压力、针阀重力和摩擦力的合力时,针阀开始升起,喷油过程开始。当喷油脉冲截止时,回位弹簧的压力使针阀复位关闭。

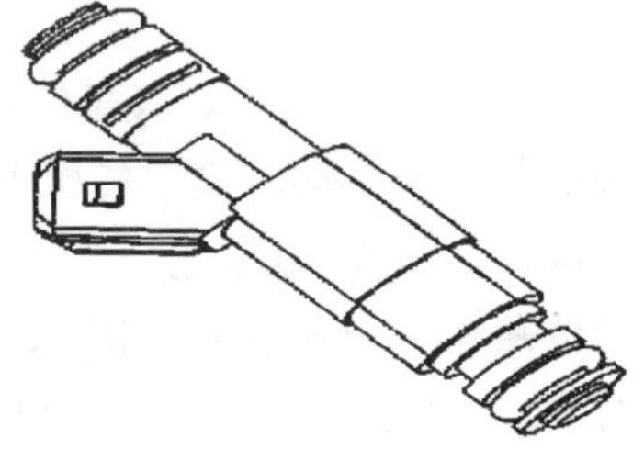

图 2-10 电磁喷油器

(3)安装注意事项

针对一定的喷油器必须使用一定的插头,不得混用。为了便于安装,推荐在与燃油分配管相连接的上部 O 形圈的表面涂上无硅的洁净机油。将喷油器以垂直于喷油器座的方向装入喷油器座,然后用卡夹将喷油器固定在喷油器座上。喷油器的安装用手进行,禁止用锤子等工具敲击喷油器。拆卸和重新安装喷油器时,必须更换 O 形圈,O 形圈的支承垫圈不得从喷油器中拔出。安装完喷油器后进行燃油分配管总成密封性检测,无泄漏者方为合格。失效件要用手工拆卸,先拆下喷油器的卡夹,然后从喷油器座上拔出喷油器,拆卸后应保证喷油器座的清洁,避免污染。

(4)故障现象及判断方法

①故障现象:怠速不良、加速不良、起动困难等。

②一般故障原因:由于缺少保养,导致喷油器内部出现胶质堆积而失效;人为故障。

③判断方法。

卸下接头,把数字万用表打到欧姆挡,两表笔分别接喷油器两针脚,20℃时额定电阻为 11 ~ 16Ω。

10. 点火线圈

(1)工作原理

点火线圈由初级绕组、次级绕组、铁芯、外壳等组成。由初级绕组和次级绕组构成感应回路,通过初级电路开关断开闭合产生的瞬间感应电压,由次级产生的瞬间高压,使火花塞放电,达到点燃混合气的功能。当 ECU 信号将初级绕组的接地通道接通时,该初级绕组充电。一旦 ECU 将初级绕组电路的控制信号切断,则充电中止,同时在次级绕组中感应出高压电。

(2)安装注意事项

点火线圈安装螺栓 M6,拧紧力矩为 5.6 ~ 8.4N·m。安装过程中必须确保点火线与点火线圈高压接线柱及火花塞连接可靠,否则易发生高压漏电,造成点火不良。

(3)故障现象及判断方法

①故障现象:发动机抖动,不能正常起动、失火等。

②一般故障原因:电流过大导致烧毁、受外力损坏等。

③判断方法。

卸下接头,把数字万用表打到欧姆挡,两表笔分别接初级绕组两针脚,常温时,阻值为 0.50 ~ 0.64Ω;接次级绕组,阻值为 8.36 ~ 10.64kΩ。

11. 电子控制器单元

(1)安装位置

电子控制器单元外形图如图 2-11 所示,其安装在乘员舱侧。

(2)功能

多点顺序喷射;控制点火;进气量控制;爆震控制;提供传感器供电电源(5V/100mA);λ 闭环控制,带自适应;控制碳罐控制阀;燃油定量修正;发动机转速信号的输出(TN 信号);车速信号的输入;故障自诊断;接受发动机负荷信号等。

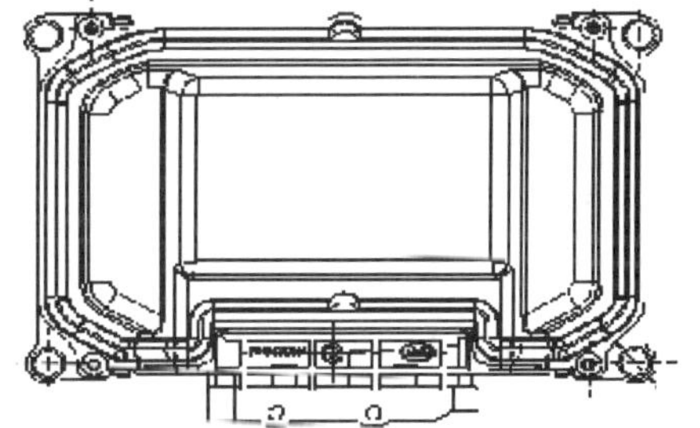

图 2-11 电子控制器单元外形图

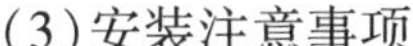

(3)安装注意事项

安装时注意静电防护,注意对插头针脚的保护。

(4)故障现象及判断方法

①故障现象:怠速不稳、加速不良、不能起动、怠速过高、尾气超标、起动困难、喷油器控制失效、熄火等。

②一般故障原因:外接装置电气过载而导致 ECU 内部零部件烧毁而导致失效;ECU 进水而导致线路板锈蚀等。

③判断方法。

a. 接上接头,利用发动机数据 K 线读取发动机故障记录。

b. 卸下接头,检查 ECU 连接线是否完好,重点检查 ECU 电源供给、接地线路是否正常。

c. 检查外部传感器工作是否正常,输出信号是否可信,其线路是否完好。

d. 检查执行器工作是否正常,其线路是否完好。

e. 更换 ECU 进行试验。

任务三　发动机典型故障案例分析

在进行故障案例分析的步骤之前,应首先确认故障现象存在,并确认发生该故障出现的条件,确认发动机故障指示灯工作正常。然后进行外观检查。

外观检查:

1. 检查燃油管路是否有泄漏现象;
2. 检查真空管路是否有断裂、扭结,连接是否正确;
3. 检查进气管路是否堵塞、漏气、被压扁或损坏;
4. 检查点火系统的高压线是否断裂、老化,点火顺序是否正确;
5. 检查线束接地处是否干净、牢固;
6. 检查各传感器、执行器接头是否有松动或接触不良的情况。

通过外观检查如上述现象存在,则先针对该现象进行维修作业,否则将影响故障分析以及维修工作。

一、起动时,发动机不转或转动缓慢

1. 故障部位

蓄电池、起动电机、线束或点火开关、发动机机械部分。

2. 故障分析流程

(1)用万用表检查蓄电池两个接线柱之间电压,在发动机起动的时候是否有 8 ~ 12V 左右。如果电压值不正确,则应更换蓄电池。

(2)点火开关保持在起动位置,用万用表检查起动电机正极的接线柱是否有 8V 以上的电压。如果电压值不正确,则应修理或更换线束。

(3)拆卸起动电机,检查起动电机的工作状况。重点检查其是否存在断路或因润滑不良而卡死。如果存在断路或卡死,则应修理或更换起动电机。

(4)如果故障仅在冬季发生,则检查是否因发动机润滑油及齿轮箱油选用不当而导致起动电机的阻力过大。如果是发动机润滑油及齿轮箱油选用不当,则应换合适标号的润滑油。

(5)检查发动机内部机械阻力是否过大,导致起动电机不转或转动缓慢。

二、起动时,发动机可以拖转但不能成功起动

1. 故障部位

油箱无油、燃油泵、转速传感器、点火线圈、发动机机械部分。

2. 故障分析流程

(1)在燃油分配管总成进油管前端接上燃油压力表,起动发动机,检查燃油压力是否在 350kPa 左右。如果燃油压力不正确,则应检修供油系统。

(2)接上电喷系统诊断仪,观察"发动机转速"数据项,起动发动机,观察是否有转速信号输出。如果无转速信号输出,则应检修转速传感器线路。

(3)拔出其中一缸的分缸线,接上火花塞,令火花塞电极距发动机机体 5mm 左右,起动发

动机，检查是否有蓝白高压火。如果无蓝白高压火，则应检修点火系统。

(4)检查发动机各个汽缸的压力情况，观察发动机汽缸是否存在压力不足的情况。如果汽缸压力不足，则应排除发动机机械故障。

(5)接上电喷系统转接器，打开点火开关，检查12号、13号、44号、45号、63号脚电源供给是否正常；检查3号、53号、61号、80号针脚搭铁是否正常。如果不正常，则应检修相应的线路。

三、热车起动困难

1. 故障部位

燃油含水、燃油泵、冷却液温度传感器、燃油压力调节器真空管、点火线圈。

2. 故障分析流程

(1)在燃油分配管总成进油管前端接上燃油压力表，起动发动机，检查燃油压力是否在350kPa左右。如果燃油压力不正确，则应检修供油系统。

(2)拔出其中一缸的分缸线，接上火花塞，令火花塞电极距发动机机体5mm左右，起动发动机，检查是否有蓝白高压火。如果无蓝白高压火，则应检修点火系统。

(3)拔下冷却液温度传感器接头，起动发动机，观察此时发动机是否成功起动。如果发动机不能起动，则应检修线路或更换传感器。

(4)检查燃油压力调节器真空管是否存在松脱或漏气现象。如果存在松脱或漏气现象，则应检修或更换真空管。

(5)检查燃油情况，观察故障现象是否由于刚好加油后引起。如果是由于刚好加油后引起，则应更换燃油。

(6)接上电喷系统转接器，打开点火开关，检查12号、13号、44号、45号、63号脚电源供给是否正常；检查3号、53号、61号、80号针脚搭铁是否正常。如果不正常，则应检修相应的线路。

四、冷车起动困难

1. 故障部位

燃油含水、燃油泵、冷却液温度传感器、喷油器、点火线圈、电子节气门体、发动机机械部分。

2. 故障分析流程

(1)在燃油分配管总成进油管前端接上燃油压力表，起动发动机，检查燃油压力是否在350kPa左右。如果燃油压力不正确，则应检修供油系统。

(2)拔出其中一缸的分缸线，接上火花塞，令火花塞电极距发动机机体5mm左右，起动发动机，检查是否有蓝白高压火。如果无蓝白高压火，则应检修点火系统。

(3)拔下冷却液温度传感器接头，起动发动机，观察此时发动机是否成功起动。如果发动机不能起动，则应检修线路或更换传感器。

(4)轻轻踩下加速踏板，观察是否容易起动。如果不容易起动，则应清洗节气门及怠速气道。

(5)拆卸喷油器，用喷油器专用清洗分析仪检查喷油器是否存在泄漏或堵塞现象。如果存在泄漏或堵塞现象，则应更换喷油器故障件。

(6)检查燃油情况,观察故障现象是否由于刚好加油后引起。如果是由于刚好加油后引起,则应更换燃油。

(7)检查发动机各个汽缸的压力情况,观察发动机汽缸是否存在压力不足的情况。如果汽缸压力不足,则应排除发动机机械故障。

(8)接上电喷系统转接器,打开点火开关,检查12号、13号、44号、45号、63号脚电源供给是否正常;检查3号、53号、61号、80号针脚搭铁是否正常。如果不正常,则应检修相应的线路。

五、转速正常,任何时候均起动困难

1.故障部位

燃油含水、燃油泵、冷却液温度传感器、喷油器、点火线圈、电子节气门体、进气道、点火正时、火花塞、发动机机械部分。

2.故障分析流程

(1)检查空气滤清器是否堵塞,进气道是否存在漏气。如果存在堵塞、漏气,则应检修进气系统。

(2)在燃油分配管总成进油管前端接上燃油压力表,起动发动机,检查燃油压力是否在350kPa左右。如果燃油压力不正确,则应检修供油系统。

(3)拔出其中一缸的分缸线,接上火花塞,令火花塞电极距发动机机体5mm左右,起动发动机,检查是否有蓝白高压火。如果无蓝白高压火,则应检修点火系统。

(4)检查各个汽缸的火花塞,观察其型号及间隙是否符合规范。如果型号或间隙不符合规范,则应更换或调整。

(5)拔下冷却液温度传感器接头,起动发动机,观察此时发动机是否成功起动。如果发动机不能起动,则应检修线路或更换传感器。

(6)轻轻踩下加速踏板,观察是否容易起动。如果不容易起动,则应清洗节气门及怠速气道。

(7)拆卸喷油器,用喷油器专用清洗分析仪检查喷油器是否存在泄漏或堵塞现象。如果存在泄漏或堵塞现象,则应更换喷油器故障件。

(8)检查燃油情况,观察故障现象是否由于刚好加油后引起。如果是由于刚好加油后引起,则应更换燃油。

(9)检查发动机各个汽缸的压力情况,观察发动机汽缸是否存在压力不足的情况。如果汽缸压力不足,则应排除发动机机械故障。

(10)检查发动机的点火顺序及点火正时是否符合规范。如果发动机的点火顺序及点火正时不符合规范,则应检修点火正时。

(11)接上电喷系统转接器,打开点火开关,检查12号、13号、44号、45号、63号脚电源供给是否正常;检查3号、53号、61号、80号针脚搭铁是否正常。如果不正常,则应检修相应的线路。

六、起动正常,但任何时候都怠速不稳

1.故障部位

燃油含水、喷油器、火花塞、进气道、电子节气门体、点火正时、火花塞、发动机机械部分。

2. 故障分析流程

(1)检查空气滤清器是否堵塞,进气道是否存在漏气。如果存在堵塞、漏气,则应检修进气系统。

(2)检查电子节气门体是否发卡。如果存在发卡,则应清洗或更换。

(3)检查各个汽缸的火花塞,观察其型号及间隙是否符合规范。如果型号或间隙不符合规范,则应更换或调整。

(4)检查节气门体,是否存在积炭现象。如果存在积炭现象,则应清洗相关零部件。

(5)拆卸喷油器,用喷油器专用清洗分析仪检查喷油器是否存在泄漏或堵塞现象。如果存在泄漏或堵塞现象,则应更换喷油器故障件。

(6)检查燃油情况,观察故障现象是否由于刚好加油后引起。如果是由于刚好加油后引起,则应更换燃油。

(7)检查发动机各个汽缸的压力情况,观察发动机汽缸是否在差异较大的情况。如果汽缸压力差异较大,则应排除发动机机械故障。

(8)检查发动机的点火顺序及点火正时是否符合规范。如果发动机的点火顺序及点火正时不符合规范,则应检修点火正时。

(9)接上电喷系统转接器,打开点火开关,检查12号、13号、44号、45号、63号脚电源供给是否正常;检查3号、53号、61号、80号针脚搭铁是否正常。如果不正常,则应检修相应的线路。

七、起动正常,暖机过程中怠速不稳

1. 故障部位

燃油含水、冷却液温度传感器、火花塞、电子节气门体、进气道、发动机机械部分。

2. 故障分析流程

(1)检查空气滤清器是否堵塞,进气道是否存在漏气。如果存在堵塞、漏气,则应检修进气系统。

(2)检查各个汽缸的火花塞,观察其型号及间隙是否符合规范。如果型号或间隙不符合规范,则应更换或调整。

(3)检查节气门体,是否存在积炭现象。如果存在积炭现象,则应清洗相关零部件。

(4)拔下冷却液温度传感器接头,起动发动机,观察此时发动机是否在暖机过程怠速不稳。如果发动机在暖机过程怠速不稳,则应检修线路或更换传感器。

(5)拆卸喷油器,用喷油器专用清洗分析仪检查喷油器是否存在泄漏或堵塞现象。如果存在泄漏或堵塞现象,则应更换喷油器故障件。

(6)检查燃油情况,观察故障现象是否由于刚好加油后引起。如果是由于刚好加油后引起,则应更换燃油。

(7)检查发动机各个汽缸的压力情况,观察发动机汽缸是否在差异较大的情况。如果汽缸压力差异较大,则应排除发动机机械故障。

(8)接上电喷系统转接器,打开点火开关,检查12号、13号、44号、45号、63号脚电源供给是否正常;检查3号、53号、61号、80号针脚搭铁是否正常。如果不正常,则应检修相应的线路。

八、起动正常，暖机结束后怠速不稳

1. 故障部位

燃油含水、冷却液温度传感器、火花塞、电子节气门体、进气道、发动机机械部分。

2. 故障分析流程

(1)检查空气滤清器是否堵塞，进气道是否存在漏气。如果存在堵塞、漏气，则应检修进气系统。

(2)检查各个汽缸的火花塞，观察其型号及间隙是否符合规范。如果型号或间隙不符合规范，则应更换或调整。

(3)检查节气门体，是否存在积炭现象。如果存在积炭现象，则应清洗相关零部件。

(4)拨下冷却液温度传感器接头，起动发动机，观察此时发动机是否怠速不稳。如果发动机怠速不稳，则应检修线路或更换传感器。

(5)拆卸喷油器，用喷油器专用清洗分析仪检查喷油器是否存在泄漏或堵塞现象。如果存在泄漏或堵塞现象，则应更换喷油器故障件。

(6)检查燃油情况，观察故障现象是否由于刚好加油后引起。如果是由于刚好加油后引起，则应更换燃油。

(7)检查发动机各个汽缸的压力情况，观察发动机汽缸是否在差异较大的情况。如果汽缸压力差异较大，则应排除发动机机械故障。

(8)接上电喷系统转接器，打开点火开关，检查12号、13号、44号、45号、63号脚电源供给是否正常；检查3号、53号、61号、80号针脚搭铁是否正常。如果不正常，则应检修相应的线路。

九、起动正常，开空调时怠速不稳或熄火

1. 故障部位

空调系统、电子节气门体、喷油器。

2. 故障分析流程

(1)检查空气滤清器是否堵塞，进气道是否存在漏气。如果存在堵塞、漏气，则应检修进气系统。

(2)观察开启空调时发动机输出功率是否增大，即利用电喷系统诊断仪观察点火提前角、喷油脉宽及进气量的变化情况。如果点火提前角、喷油脉宽及进气量不符合规定，则应检查空调系统压力、压缩机的电磁离合器和空调压缩泵是否正常。

(3)接上电喷系统转接器，断开电子控制单元75号针脚连接线，检查开空调时，线束端是否为高电平信号。如果信号不符合规定，则应检修空调系统。

(4)拆卸喷油器，用喷油器专用清洗分析仪检查喷油器是否存在泄漏或堵塞现象。如果存在泄漏或堵塞现象，则应更换喷油器故障件。

(5)接上电喷系统转接器，打开点火开关，检查12号、13号、44号、45号、63号脚电源供给是否正常；检查3号、53号、61号、80号针脚搭铁是否正常。如果不正常，则应检修相应的线路。

十、起动正常，怠速过高

1. 故障部位

电子节气门体、真空管、冷却液温度传感器、点火正时。

2. 故障分析流程

(1)检查电子油门是否发卡。如果存在发卡，则应调整。

(2)检查进气系统及连接的真空管道是否存在漏气。如果存在漏气，则应检修进气系统。

(3)检查节气门体，是否存在积炭现象。如果存在积炭现象，则应清洗相关零部件。

(4)拔下冷却液温度传感器接头，起动发动机，观察此时发动机是否怠速过高。如果发动机怠速过高，则应检修线路或更换传感器。

(5)检查发动机的点火正时是否符合规范。如果点火正时不符合规范，则应检修点火正时。

(6)接上电喷系统转接器，打开点火开关，检查12号、13号、44号、45号、63号脚电源供给是否正常；检查3号、53号、61号、80号针脚搭铁是否正常。如果不正常，则应检修相应的线路。

十一、加速时转速上不去或熄火

1. 故障部位

燃油含水、进气压力传感器、火花塞、电子节气门体、进气道、喷油器、点火正时、排气管。

2. 故障分析流程

(1)检查空气滤清器是否堵塞。如果存在堵塞，则应检修进气系统。

(2)在燃油分配管总成进油管前端接上燃油压力表，起动发动机，检查燃油压力是否在350kPa左右。如果燃油压力不正确，则应检修供油系统。

(3)检查各个气缸的火花塞，观察其型号及间隙是否符合规范。如果型号或间隙不符合规范，则应更换或调整。

(4)检查节气门体，是否存在积炭现象。如果存在积炭现象，则应清洗相关零部件。

(5)检查进气压力传感器及其线路是否正常。如果不正常，则应检修线路或更换传感器。

(6)拆卸喷油器，用喷油器专用清洗分析仪检查喷油器是否存在泄漏或堵塞现象。如果存在泄漏或堵塞现象，则应更换喷油器故障件。

(7)检查燃油情况，观察故障现象是否由于刚好加油后引起。如果是由于刚好加油后引起，则应更换燃油。

(8)检查发动机的点火顺序及点火正时是否符合规范。如果发动机的点火顺序及点火正时不符合规范，则应检修点火正时。

(9)检查排气管是否排气顺畅。如果排气不顺畅，则应修复或更换排气管。

(10)接上电喷系统转接器，打开点火开关，检查12号、13号、44号、45号、63号针脚电源供给是否正常；检查3号、51号、53号、61号、80号针脚搭铁是否正常。如果不正常，则应检修相应的线路。

十二、加速时反应慢

1. 故障部位

燃油含水、进气压力传感器、火花塞、电子节气门体、进气道、喷油器、点火正时、排气管。

2. 故障分析流程

(1)检查空气滤清器是否堵塞。如果存在堵塞,则应检修进气系统。

(2)在燃油分配管总成进油管前端接上燃油压力表,起动发动机,检查燃油压力是否在350kPa左右。如果燃油压力不正确,则应检修供油系统。

(3)检查各个汽缸的火花塞,观察其型号及间隙是否符合规范。如果型号或间隙不符合规范,则应更换或调整。

(4)检查节气门体,是否存在积炭现象。如果存在积炭现象,则应清洗相关零部件。

(5)检查进气压力传感器及其线路是否正常。如果不正常,则应检修线路或更换传感器。

(6)拆卸喷油器,用喷油器专用清洗分析仪检查喷油器是否存在泄漏或堵塞现象。如果存在泄漏或堵塞现象,则应更换喷油器故障件。

(7)检查燃油情况,观察故障现象是否由于刚好加油后引起。如果是由于刚好加油后引起,则应更换燃油。

(8)检查发动机的点火顺序及点火正时是否符合规范。如果发动机的点火顺序及点火正时不符合规范,则应检修点火正时。

(9)检查排气管是否排气顺畅。如果排气不顺畅,则应修复或更换排气管。

(10)接上电喷系统转接器,打开点火开关,检查12号、13号、44号、45号、63号脚电源供给是否正常;检查3号、53号、61号、80号针脚搭铁是否正常。如果不正常,则应检修相应的线路。

十三、加速时无力

1. 故障部位

燃油含水、进气压力传感器、火花塞、点火线圈、电子节气门体、进气道、喷油器、点火正时、排气管。

2. 故障分析流程

(1)检查是否存在离合器打滑、轮胎气压低、制动拖滞、轮胎尺寸不对、四轮定位不正确等现象。如果存在以上现象,则应修理。

(2)检查空气滤清器是否堵塞。如果存在堵塞,则应检修进气系统。

(3)在燃油分配管总成进油管前端接上燃油压力表,起动发动机,检查燃油压力在怠速工况下是否在380kPa左右;拔掉燃油压力调节器上的真空管,其燃油压力是否在380kPa左右。如果不符合规定,则应检修供油系统。

(4)拔出其中一缸的分缸线,接上火花塞,令火花塞电极距发动机机体5mm左右,起动发动机,检查高压火强度是否正常。如果高压火不正常,则应检修点火系统。

(5)检查各个汽缸的火花塞,观察其型号及间隙是否符合规范。如果型号或间隙不符合规范,则应更换或调整。

(6)检查节气门体,是否存在积炭现象。如果存在积炭现象,则应清洗相关零部件。

(7)检查进气压力传感器及其线路是否正常。如果不正常,则应检修线路或更换传感器。

(8)拆卸喷油器,用喷油器专用清洗分析仪检查喷油器是否存在泄漏或堵塞现象。如果存在泄漏或堵塞现象,则应更换喷油器故障件。

(9)检查燃油情况,观察故障现象是否由于刚好加油后引起。如果是由于刚好加油后引起,则应更换燃油。

(10)检查发动机的点火顺序及点火正时是否符合规范。如果发动机的点火顺序及点火正时不符合规范,则应检修点火正时。

(11)检查排气管是否排气顺畅。如果排气不顺畅,则应修复或更换排气管。

(12)接上电喷系统转接器,打开点火开关,检查12号、13号、44号、45号、63号脚电源供给是否正常;检查3号、53号、61号、80号针脚搭铁是否正常。如果不正常,则应检修相应的线路。

项目三　奇瑞A3车型底盘系统

Z 知识目标

1. 知道奇瑞A3车型底盘系统的构造。
2. 知道奇瑞A3车型底盘系统主要零件的检修项目。
3. 知道奇瑞A3车型底盘系统常见的典型故障案例。

N 能力目标

1. 能够规范进行奇瑞A3车型底盘系统的拆装。
2. 能够独立完成奇瑞A3车型底盘系统零件的检修。
3. 能够独立完成奇瑞A3车型底盘系统典型故障的分析。
4. 能够正确使用拆装与检修的工具、设备。

S 素质目标

1. 自我学习能力。
2. 交流沟通能力。
3. 团结协作能力。
4. 安操作能力。

任务一　手动变速器的拆装

奇瑞A3车辆配置的是QR519MHE型五挡手动变速器,该变速器的结构特点是两轴式,1、2挡同步器安装在输出轴上,3、4挡同步器与5挡、倒挡同步器安装在输入轴上。

一、手动变速器的拆装

所需工具:扭力扳手,内六角扳手一套,内六角套筒一套,棘轮扳手,卡钳一把,铜棒一根,乐泰5901胶,平口螺丝刀一把,拉力器,冲子,专用工具,变速器油。

1. 拆卸

(1)将变速器放上工作台,打开放油螺塞(安装力矩为29.4~49N·m),旋转变速器,将油放净,如图3-1所示。

(2)拆开连接分离轴承的卡子,如图3-2所示。

(3)拆下液压分离轴承座及分离轴承快速接头,如图3-3所示。

(4)拆卸接头总成,如图3-4所示。

(5)拆下分离轴承螺栓,取下分离轴承,如图3-5所示。

(6)用工具旋下后盖螺栓(安装力矩为6.9~9.8N·m),取下后盖,如图3-6所示。

图 3-1　打开放油螺塞

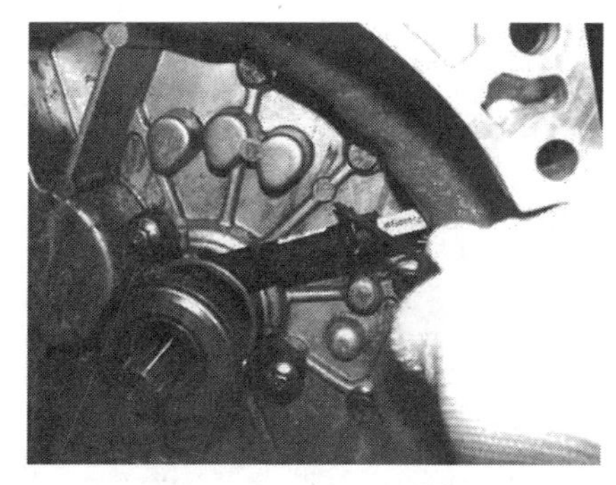
图 3-2　拆开连接分离轴承的卡子

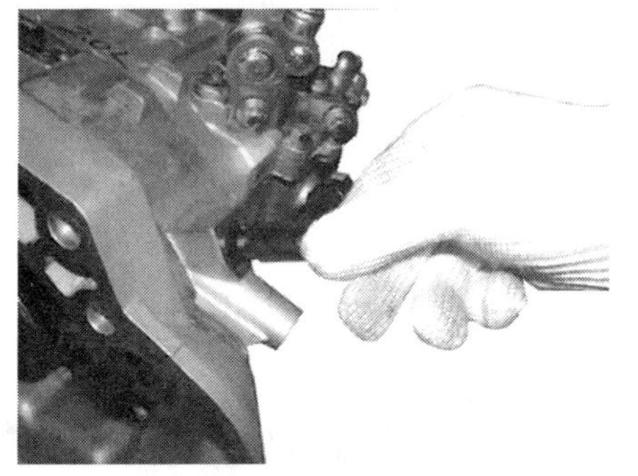
图 3-3　拆下液压分离轴承座及分离轴承快速接头

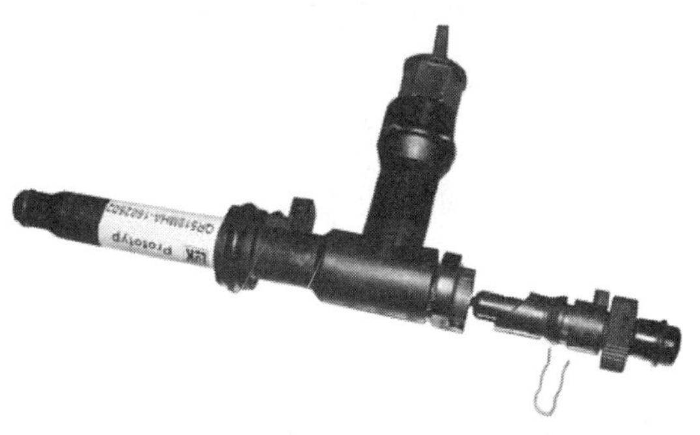
图 3-4　拆卸接头总成

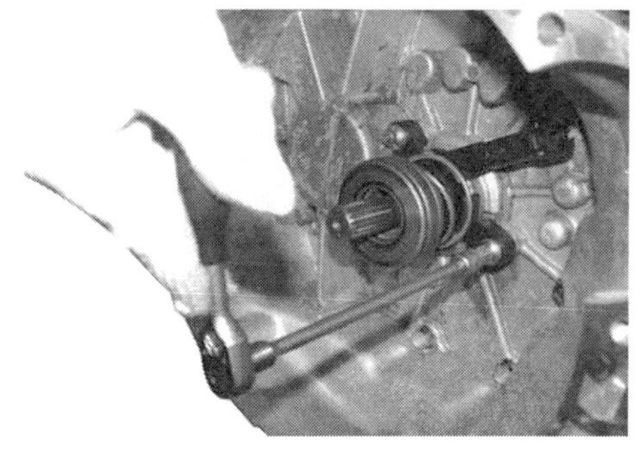
图 3-5　拆下分离轴承螺栓

图 3-6　拆下后盖螺栓

(7)直接取出倒挡同步环,如图 3-7 所示。

(8)使用专用工具固定五挡从动齿轮,然后使用内六角扳手拆五挡从动齿轮紧固螺母,如图 3-8 所示。

图 3-7　拆下倒挡同步环

图 3-8　拆下五挡从动齿轮紧固螺母

(9)同样方法,使用专用工具固定五挡主动齿轮,然后使用内六角扳手逆时针旋下五挡主动齿轮紧固螺母,如图3-9所示。

(10)用冲子冲出弹性锁销;挂入倒挡,取出五倒挡拨叉,如图3-10所示。

图3-9　拆下五挡主动齿轮紧固螺母

图3-10　拆下五倒挡拨叉

(11)取出五挡同步器,及五挡主、从动齿轮,如图3-11所示。

(12)取下滚针轴承,如图3-12所示。

图3-11　取出五挡同步器及五挡主、从动齿轮

图3-12　拆下滚针轴承

(13)用内六角套筒旋下轴承挡板螺栓(安装力矩为9.5~12 N·m),取下轴承挡板,如图3-13所示。

(14)用卡钳取出输出轴后轴承调整垫片,如图3-14所示。

图3-13　拆下轴承挡板

图3-14　用卡钳取出输出轴后轴承调整垫片

(15)同样方法,取出输入轴后轴承调整垫片,如图3-15所示。

(16)旋下操纵机构壳体螺栓,如图3-16所示。

(17)旋下定位座—换挡指,如图3-17所示。

（18）旋下倒车灯开关；此时可直接把操纵机构总成从变速器壳体中拔出，如图3-18所示。

图3-15 拆下输入轴后轴承调整垫片

图3-16 拆下操纵机构壳体螺栓

图3-17 拆下定位座—换挡指

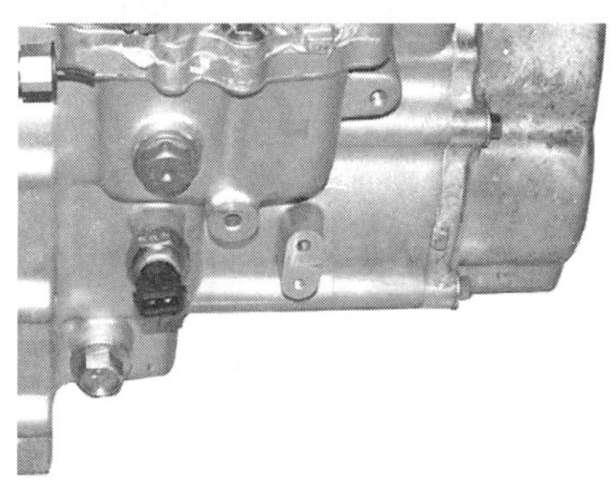
图3-18 拆下倒车灯开关

（19）旋出图中三个定位螺栓（安装扭矩为6.9～9.8 N·m）（1叉轴定位座五倒挡，2叉轴定位座三四挡，3叉轴定位座一二挡），注意其中叉轴位座一二挡长度较大，如图3-19所示。

（20）用内六角套筒旋下螺钉惰轮轴（安装扭矩为22～26 N·m），如图3-20所示。

图3-19 旋出图中三个定位螺栓

图3-20 用内六角套筒拆下螺钉，惰轮轴

（21）旋下变速器壳体螺栓，如图3-21所示。

（22）旋下离合器壳体螺栓［安装力矩为(14.7～21.5±1)N·m］，如图3-22所示。

（23）两手抬起变速器壳体，将变速器总成悬空，用铜棒砸输入轴和输出轴将变速器壳体和五挡轴套取下，如图3-23所示。

（24）取下倒挡惰轮总成，如图3-24所示。

图 3-21　拆下变速器壳体螺栓

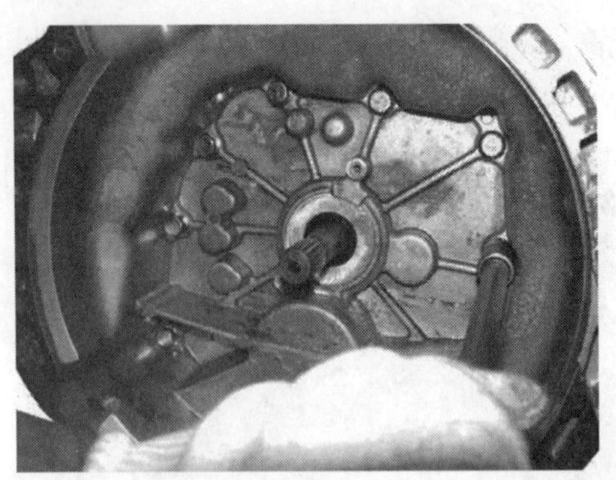

图 3-22　拆下离合器壳体螺栓

图 3-23　将变速器壳体和五挡轴套拆下

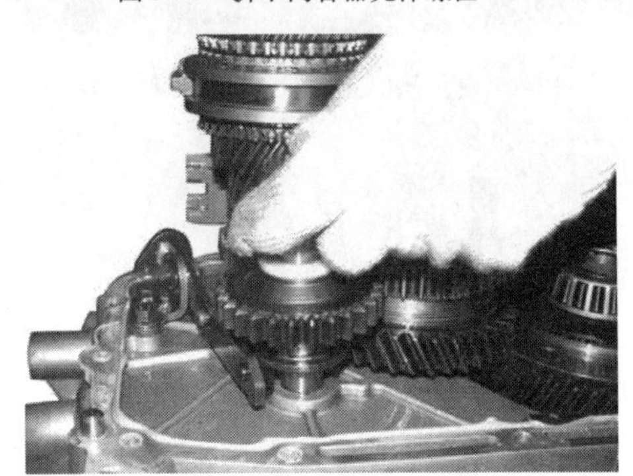

图 3-24　拆下倒挡惰轮总成

(25)旋出倒挡拨叉机构总成螺栓,取下倒挡拨叉,如图 3-25 所示。

(26)用卡钳取下开口挡圈,如图 3-26 所示。

图 3-25　拆出倒挡拨叉机构总成螺栓、取下倒挡拨叉

图 3-26　用卡钳拆下开口挡圈

图 3-27　拆出输入轴总成

(27)双手握住输入轴总成、输出轴总成及一二、三四、五倒挡叉轴,将其一起取出,最后取出差速器总成,如图 3-27 所示。

2. 安装

按照与拆卸顺序相反的步骤装配,安装注意事项如下:

(1)后盖总成、离合器壳体总成、换挡机构总成都需打胶处理。

(2)输出轴调整垫片的安装。装好变速器壳体后,确保轴承外圈与滚柱完全接触，加垫片保证装配后该轴预紧力矩为0.8～1.5N·m。

(3)输入轴后轴承调整垫片的安装。调整垫片厚度A2-0.1≤S2＜A2(A2为槽宽度，S2为调整垫片厚度)，用6个M6x1-16沉头螺钉固定后轴承挡板，螺栓的拧紧力矩为10.5N·m。

(4)安装输入轴油封、差速器油封时，在油封的唇口处涂上润滑脂，用专用工具将油封充分压入到变速器壳体上。

二、手动变速器输入轴总成的拆装

1. 拆卸

(1)输入轴总成的分解示意图，如图3-28所示。

(2)使用专用工具可直接拆卸输入轴，用拉力器小心拉出轴套四挡，拿出四挡主动齿轮，滚针轴承四挡，再拉出三四挡同步器总成及三挡主动齿轮；另从输入轴前端拉出输入轴前轴承，如图3-29所示。

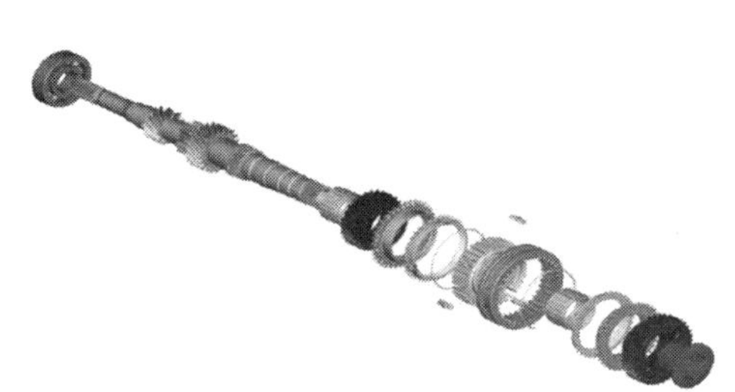

图3-28　输入轴总成的分解示意图

图3-29　拆卸分解输入轴

2. 检修

(1)检查输入轴。

①滚针轴承安装部外径表面有无损伤、异常磨耗或卡住等。

②花键有无损伤或磨损。

③检查滚针轴承—输入轴与齿轮是否组装得正确，能否圆滑旋转，有无松动或噪音等。

(2)检查三挡和四挡主动齿轮。

①检查同步斜齿轮和离合器齿轮的齿面有无损伤或磨损。

②检查同步器锥形面有无变粗、损伤或磨损。

③检查齿轮内径和前后端面有无损伤或磨损。

(3)检查同步器齿套三、四挡同步器和齿毂，如图3-30所示。

①将齿套和齿毂组装在一起，检查它们是否圆滑滑动，有无卡住。

②检查齿套内表面的前后端有无损伤。注意：如需更换同步器齿套或毂时，应成套更换。

(4)用钢丝刷清洗同步环内锥面，检查同步环的齿轮齿表面有无损伤或损坏，锥形部内径部分有无损伤或磨损，螺纹有无压坏。如图3-31所示。

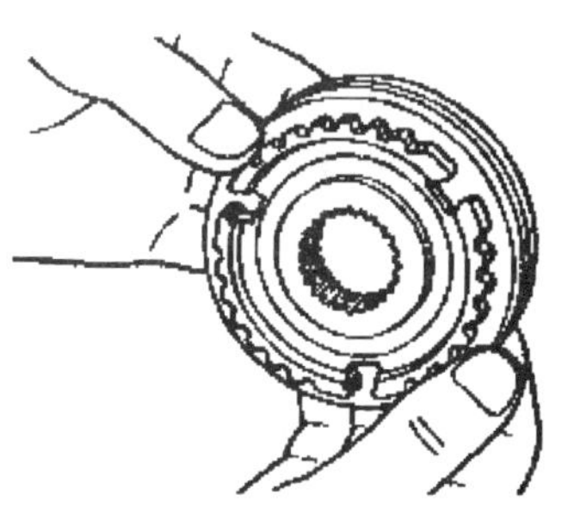

图3-30　检查同步器齿套

(5)将同步环压在各自齿轮的锥面上检查间隙 A 值,如图 3-32 所示。间隙 A 值见表 3-1。若 A 小于极限值,应更换。

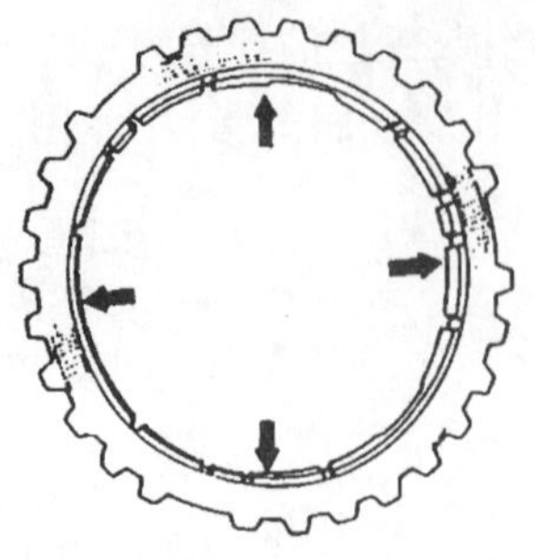

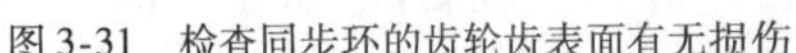

图 3-31　检查同步环的齿轮齿表面有无损伤

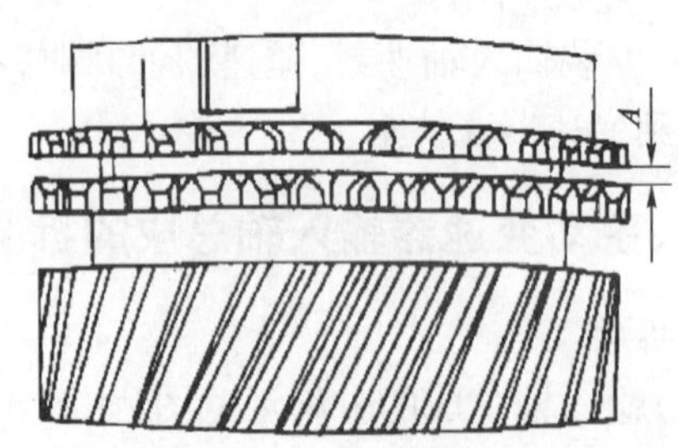

图 3-32　检查间隙 A 值

间 隙 A 值　　表 3-1

同 步 环	A 值(mm)	磨损极限
一、二挡	1.10～1.17	0.05
三、四挡	1.35～1.90	0.05
五挡	1.10～1.17	0.05

3. 安装

按照与拆卸顺序相反的步骤装配。

三、手动变速器输出轴总成的拆装

1. 拆卸

(1)用拉器拉出输出轴后轴承及四挡从动齿轮。

(2)取出三、四挡从动轴套。

(3)拉出三挡从动齿轮,取出二挡从动齿轮,一、二挡锥环,外环,内环,二挡滚针轴承。

(4)用卡簧钳取出卡环一、二挡同步器齿毂。如图 3-33 所示。

图 3-33　拆出卡环一、二挡同步器齿毂

(5)拉出一、二挡同步器总成,取下一挡从动齿轮及一挡滚针轴承。

(6)从前端拉出输出轴前轴承内圈。

2. 检修

(1)类似输入轴,以同样方法检查:输出轴、滚针轴承、一挡和二挡从动齿轮、同步器齿套、一挡和二挡同步器和齿毂。

(2)检查齿面和锥形面有无损伤或损坏。

(3)安装外环和内环,然后将它们向齿轮压下的状态,测量间隙 A。若 A 小于极限值,应更换。间隙 A 值见表 3-1。若需更换外环、内环或锥环,则应成套更换外环、内环和锥环。

3. 安装

按照与拆卸顺序相反的步骤装配。

四、差速器的安装

(1)先将调整垫片装配在半轴齿轮背面上,再将半轴齿轮安装在差速器中。调整垫片厚度为0.93～1.00mm。

(2)在各行星齿轮背面装上球型垫圈后，使两个行星齿轮同时啮合与半轴齿轮。一面旋转齿轮，一面安装在正确的位置。

(3)插装行星齿轮轴。

(4)测量半轴齿轮与行星齿轮间的齿隙。标准值为0.025～0.150mm。

(5)若测量的齿隙不符合标准，则选择和安装调整垫片，然后再次测量齿隙。调整齿隙至两侧齿隙相同为止。

五、离合器的结构及安装注意事项

1. 离合器的结构

奇瑞A3车型采用膜片弹簧式离合器，操纵机构是液压式。该离合器主要由离合器踏板、离合器总泵(图3-34)、离合器分泵(图3-35)，离合器分泵和分离轴承总成(图3-36)、离合器片、离合器压盘(图3-37)、飞轮、离合器液压油管等组成。

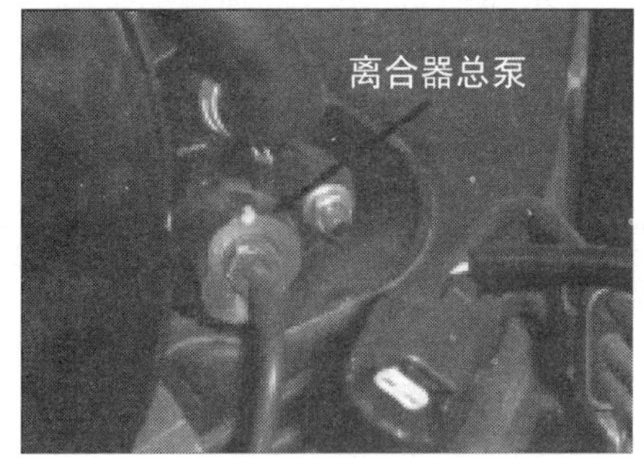

图3-34　离合器总泵

图3-35　离合器分泵

图3-36　离合器分泵和分离轴承总成

图3-37　离合器压盘

2. 离合器及相关件的安装注意事项

(1)盖及压盘总成

在安装变速器一轴时，常常会撞坏膜片分离指，分离指断裂或变形常常是引起压盘总成故障的原因。因此在安装变速器时，为了避免撞坏分离指，必须检查离合器调节装置，按照操作使用说明书正确安装。

(2)从动盘总成

离合器从动盘在运输过程中常常会发生扭曲变形，更普遍的是发生在变速器悬挂安装时。因此在安装离合器时最好的办法是使用导向工具。

(3)分离轴承

分离轴承不可能完全拆开检查，在换装新离合器时，仍用原来的旧件是不经济的，这常常会引起离合器失效。为了避免异响和分离指不正常磨损，建议更换新的，并注入少量高温油脂。

(4)飞轮

在离合器的检修过程中,往往忽视飞轮。因此在安装新的离合器时应该检查飞轮表面是否有沟痕、热斑、裂纹。飞轮表面有任何缺陷都必须修理。

(5)导向轴承

如果导向轴承磨损,可以让变速器一轴“浮动”加剧磨损,这会引起振动与噪声。因此在换新的离合器时,最好把导向轴承也换新的。

(6)发动机与变速器油封

油封的泄漏是引起离合器失效的一个主要原因,哪怕是很小的污染都会影响离合器的有效运转。因此要经常检查油面刻度线,更换可疑油封。

(7)分离轴承支座

分离轴承支座单边磨损,导致分离轴承与分离指不对正,会引起分离卡滞或振动。

(8)发动机与变速器的安装

任何零件的损坏或磨损,都会使离合器工作不正常,因此在进行发动机与变速器的安装前,检查各个零件是否完好。

(9)液压系统

由于液压系统压力不足或渗入空气,使离合器操纵机构低效运转或不工作。因此要经常检查主泵和分泵是否泄漏。在离合器修理时,要对液压系统进行清洁和试漏。

任务二　无级变速器的拆装

奇瑞 A3 车型采用奇瑞公司新开发的 QR019CH 系列无级变速器,该变速器不仅可以在相当宽的范围内实现无级变速,从而获得传动系与发动机工况的最佳匹配,提高整车的燃油经济性,同时也改善了燃烧过程,降低了废气的排放量。

奇瑞公司新开发的 QR019CH 系列无级变速器优点如下:

(1)可靠性高。该变速器采用了博世公司最新一代传动钢带(和奔驰、日产等 CVT 使用的传动钢带相同),且大量部件都为原装进口,变速器寿命远高于整车寿命。

(2)燃油经济性好。该变速器传动效率高并使用了先进的智能控制系统,使得整车油耗和 MT 车型相当。

(3)动力性好。该变速器使用了先进的进口液力变矩器,使得整车具有比 MT 车型更优越的加速和爬坡性能。

(4)舒适性高。由于使用了液力变矩器作为起步离合装置,使得整车起步非常平顺,同时由于 CVT 变速过程中平顺的特性,使得整车在任何行驶状态下都能保证平顺舒适性。

QR019CH 系列无级变速器工作原理:

电子自动控制单元 TCU 的处理器,根据汽车行驶工况(车速、负荷、发动机转速等)的需要,随时向液压系统中的 4 个电磁阀的发出指令信号。电磁阀根据 TCU 的指令不断改变工作状态。4 个电磁阀的不同工作状态的搭配,使液压油的流向,及其压力不断地发生变化,用以操纵液压执行元件(例如油缸、活塞、滑阀等)的工作。当连续改变液压主、从动带轮活动压板的油缸里的压力时,活动压板则根据压力的变化不断的产生轴向移动,从而改变了传动带的转动半径,实现了传动速比的连续变化,最终达到无级变速的目的。

一、无级变速器的拆装

所需工具:扭力扳手,内六角扳手一套,内六角套筒一套,棘轮扳手,变速器油。

1. 拆卸

(1)将车辆放在举升机上升起,放净变速器油,并拆下防尘挡板,如图3-38所示。

(2)拆下传动轴、整车线束、悬置螺栓等整车附件后,从整车上将动力总成拆下。

(3)拆下起动机与变速器连接螺栓,拆下起动电动机。

(4)锁住曲轴螺栓,拆下挠性板与变矩器连接螺栓4个,如图3-39所示。

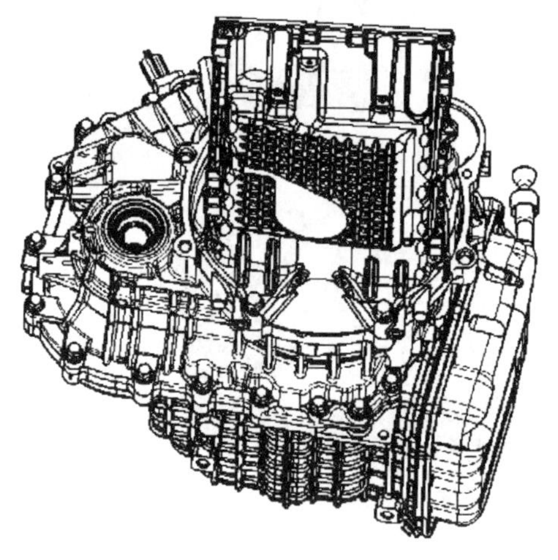

图3-38　拆下防尘挡板

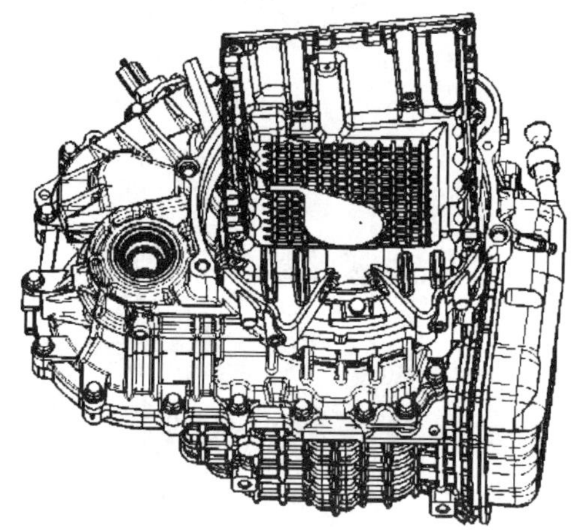

图3-39　拆下连接螺栓

(5)拆下发动机与变速器连接螺栓,分开发动机和变速器。

2. 装配

(1)转动曲轴,使挠性板总成上的4个螺栓孔中的一个孔位于发动机底部的油底壳的U形槽中间位置(以方便后面安装液力变矩器连接螺栓)。如图3-40所示。

(2)转动液力变矩器,使液力变矩器上与挠性板总成连接的螺栓孔位于图示孔1和孔2之间,以方便后面螺栓-液力变矩器的安装,如图3-41所示。

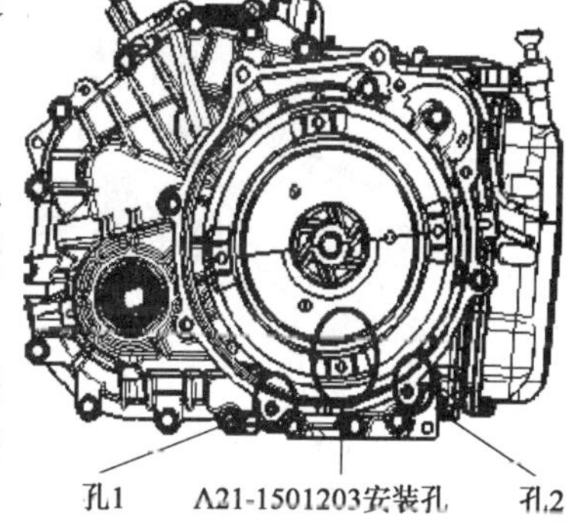

图3-40　定位孔

(3)安装防尘垫片,如图3-42所示。

(4)合装发动机与变速器总成,先将变速器的两个定位销孔对准发动机上的定位销。

(5)依次拧入凸缘式螺栓,两根螺栓用于销孔位置连接,发动机侧和变速器侧各装入1根;3根螺栓从变速器侧装入,交叉紧固螺栓,螺栓拧紧力矩均为80±5N·m,如图3-43所示。

(6)安装连接液力变矩器同挠性板总成的螺栓及防尘挡板,转动曲轴,使挠性板总成与变矩器的螺栓孔对齐,如图3-44所示。

(7)在发动机油底壳下面交叉拧入变矩器与挠性板的连接螺栓4根,再交叉紧固,螺栓拧紧力矩均为(55±5)N·m,如图3-45所示。

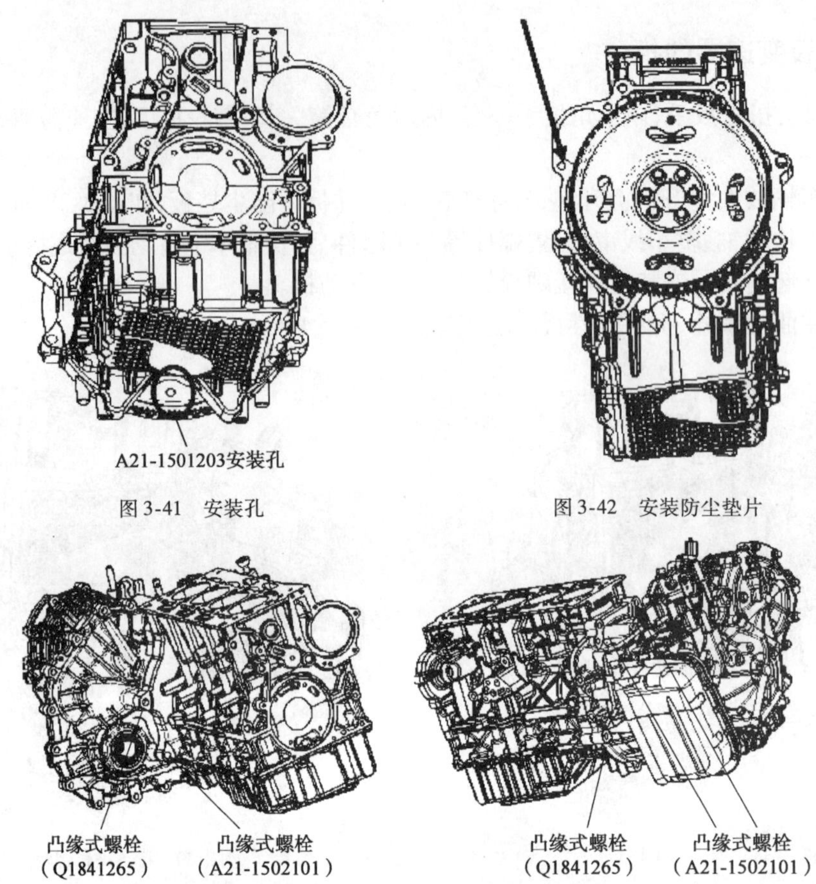

图 3-41　安装孔

图 3-42　安装防尘垫片

图 3-43　销孔位置连接、紧固螺栓

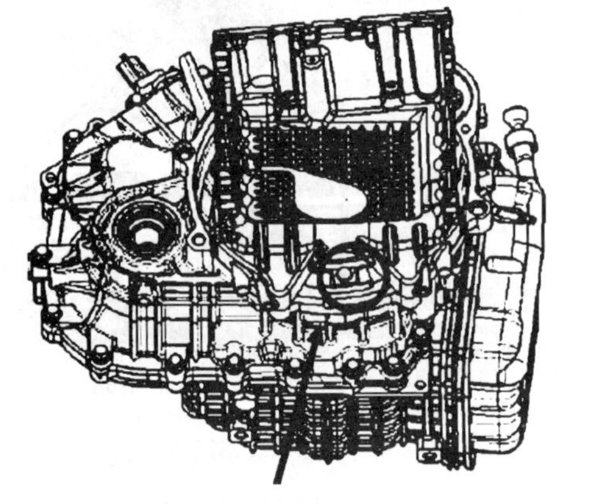

图 3-44　挠性板总成与变矩器的螺栓孔对齐

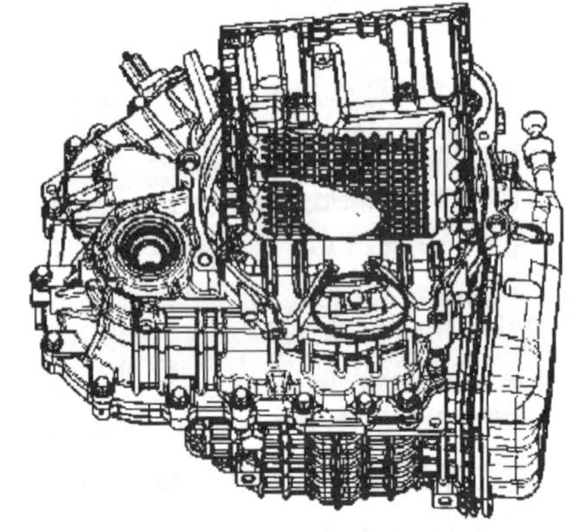

图 3-45　拧入变矩器与挠性板的连接螺栓

(8)将防尘挡板,用两个凸缘式螺栓分别将防尘挡板、发动机油底壳及变速器壳体连接,螺栓拧紧力矩均为(50 ±5)N·m,如图 3-46 所示。

二、无级变速器附件的拆装

1. 油封拆装

(1)拆卸

使用专业工具,将油封从变速器上拆下即可,如图 3-47 所示。

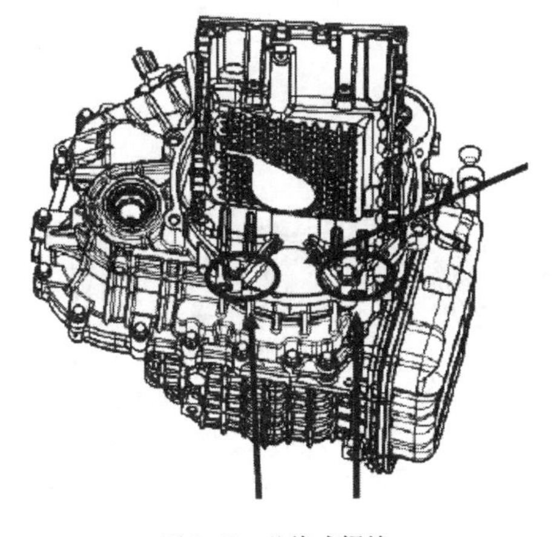

图 3-46　凸缘式螺栓

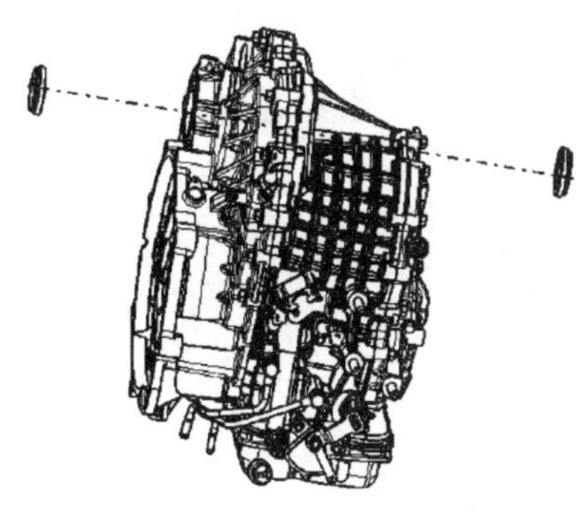

图 3-47　油封拆换

(2)装配

①在油封的密封圈上涂抹适量 ATF 油。

②将油封对上变速器,使用油封安装工具将其敲击装配到变速器上。

(3)注意事项

①自动变速器的组成部件要求精度较高,在拆卸和装配的过程中,务须小心仔细,不要造成这些部件划伤或损坏。

②安装油封时,要求用力均匀,不要造成油封的变形损坏。

③确保变速器油封口和油封的洁净,避免灰尘或异物进入变速器内部,不可在油封上涂抹其他密封剂或黏结剂,要求使用清洁手套或净手操作。

2. 输入、输出传感器拆装

(1)拆卸

拧下传感器的紧固螺栓,取下转速传感器,如图 3-48 所示。

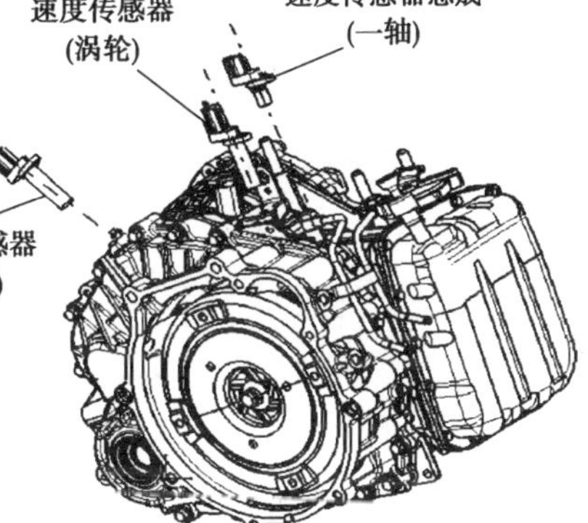

图 3-48　油封拆换

(2)装配

安装顺序和拆卸顺序相反。

(3)注意事项

①输入/输出转速传感器紧固螺栓的拧紧力矩为 10 ~ 12N·m。

②自动变速器对油品的清洁度要求很高,请确保没有灰尘或异物从传感器安装口落入变速器内部。

3. 油压传感器拆换

(1)拆卸

拧下传感器的紧固螺栓,取下转速传感器,如图 3-49 所示。

(2)装配

安装顺序和拆卸顺序相反,传感器紧固螺栓的拧紧力矩为 15 ~ 22N·m。

4. 阀体壳拆装

(1)拆卸

拧下螺栓,取下阀体壳,注意阀体壳与变速器壳之间有密封胶,如图 3-50 所示。

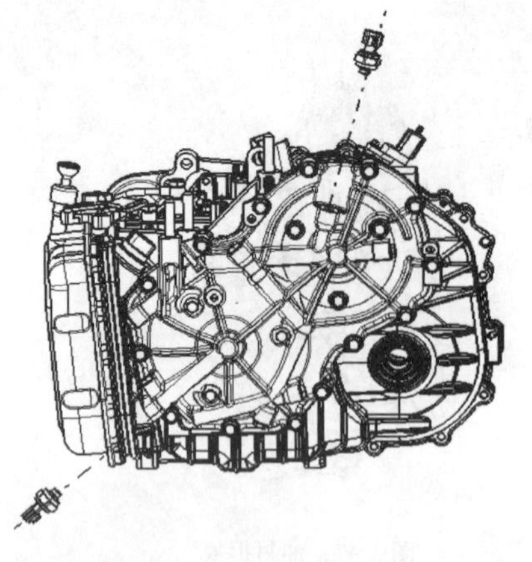

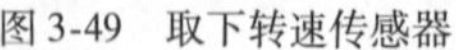

图 3-49　取下转速传感器

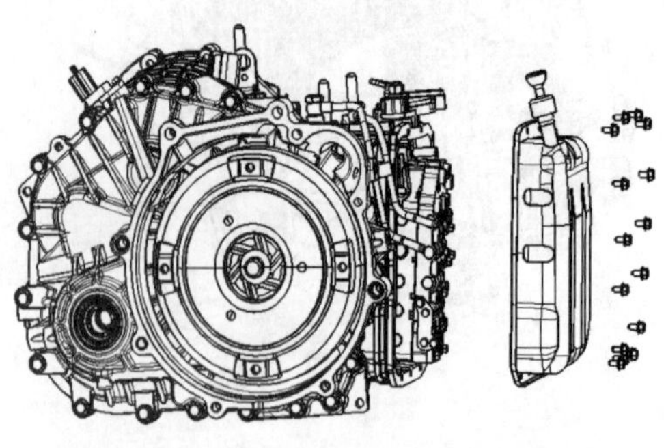

图 3-50　拧下螺栓/取下阀体壳

(2)装配

安装顺序和拆卸顺序相反。

(3)注意事项

①凸缘式螺栓-阀体壳与变速器壳体的拧紧力矩为 10 ~ 12N·m。

②取下阀体壳时需注意防止壳体、变速器壳上的密封胶残留物散落在变速器内和阀体上。

③安装时请使用新的阀体壳以及涂上密封胶(TB1281B/乐泰 5460)。

④擦去变矩器壳体上的油污,保证阀体结合面清洁,密封胶要涂均匀。

5. 挡位开关的拆装

(1)拆卸

①将固定换挡臂的螺母拧下,取下弹簧垫圈。

②取下换换挡臂。

③拧下固定挡位开关的两个螺栓。

④取下挡位开关。如图 3-51 所示。

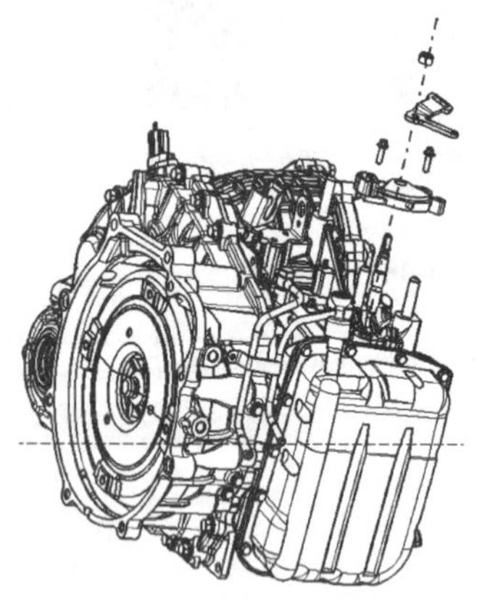

图 3-51　取下挡位开关

(2)装配

安装顺序和拆卸顺序相反。

(3)注意事项

①螺母-换挡臂的拧紧力矩为 18 ~ 25N·m,凸缘式螺栓的拧紧力矩为 10 ~ 12N·m。

②弹簧垫圈-换挡臂为一次性使用产品,切勿重复使用。

③拆卸和装配换挡臂过程都需使用定位销(工装)将换挡臂与挡位开关相对固定。

6. 变速器冷却进、回油管的安装

(1)用空心螺栓将油冷器进油管总成和油冷器回油管总成安装在散热器上,拧紧力矩为(32 ± 3)N·m;再用螺栓将变速器冷却回油管固定在散热器上。

(2)安装空心螺栓时切记不能漏装密封垫片。

(3)将油冷器进油管的软管端连接到变速器油管总成-油冷器的出油管,再将油冷器回油管的软管端连接到变速器油管总成-油冷器的进油管,并用两个单耳无级卡箍分别卡到软管上将其卡紧。

三、无级变速器 ATF 检查与更换

1. ATF 检查

(1)车辆行驶(10min)后温度达到正常工作温度(ATF60-80℃,发动机水温 80~100℃)。

(2)将车辆停放在水平地面上,拉起驻车制动手柄。

(3)起动发动机使其在怠速运转,踩住制动踏板并将选挡杆在各挡位位置上移动。最后将选挡杆置于"P"或者"N"位置。

(4)拔出自动变速器油尺,用无绒纸擦净,重新将自动变速器油尺尽可能地插入加油管中,拔出自动变速器油尺,观察油尺指示是否在"HOT"范围油面位置,如图 3-52 所示。

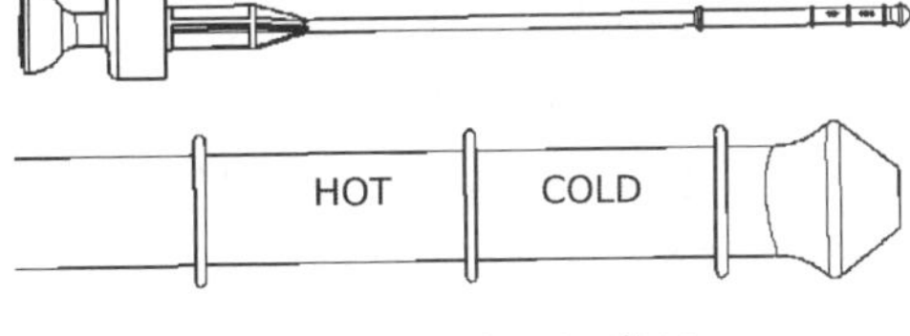

图 3-52　HOT 范围油面位置

2. ATF 更换

(1)将车辆放在举升机上升起。

(2)拆下变速器放油螺栓,将 ATF 排尽。

(3)装上放油螺栓,加注新的 ATF 油,加注量为放出的 ATF 量。放油螺栓的拧紧力矩为 29~34N·m。

(4)起动发动机使其运转 1~2min。

(5)踩住制动踏板并将选挡杆在各挡位位置上移动,将选挡杆至于"N"或"P"位置。

(6)拔出自动变速器油尺,用无绒纸擦净,重新将自动变速器油标尺插入加油管中,拔出自动变速器油尺,观察油尺是否在"HOT"范围油面位置,若油位过低则,加注 ATF,直到油尺指示应在"HOT"范围油面位置。

3. 注意事项

(1)每次换油之后,需更换放油螺栓垫圈。

(2)车辆行驶至 40000km 时更换一次 ATF,之后车辆进行保养,不需要进行 ATF 换。

任务三　手动变速器与离合器典型故障案例分析

一、怠速时变速器异响

1. 故障原因

(1)可能是离合器的响声而误认为是变速器响。

(2)油面不够或变质。

(3)轴承磨损使其轴向或径向间隙过大。

(4)齿轮轮齿,同步器严重磨损、疲劳剥落。

(5)输入、输出轴变形或损坏。

(6)总成内有异物。

2. 故障分析流程

(1)起动发动机,踩下离合器踏板,如踩下还有响声,那么可以判断是离合器的响声,如无响声那么是变速器的问题。

(2)用举升机举起车辆,用 22 号开口扳手拆下变速器油位观察孔螺栓,观察变速器润滑油是否在标准范围内,如果润滑油不够,加注润滑油,变速器不工作,并且润滑油在常温下,润

滑油正好不能溢出为准。

(3)拆下变速器,用手上下前后晃动输入轴,如果晃动比较明显,说明是输入轴轴承有问题,应更换。

(4)打开变速器壳体和后壳体,观察各齿轮和同步器的外观,如果齿轮和同步器有问题则更换。

(5)打开变速器,观察输入输出轴有无问题,有问题则更换。

(6)对回收的润滑油检查是否有金属异物,有则清除故障。

二、换挡困难

1. 故障原因

(1)离合器分离不够彻底。

(2)挡位定位销弯曲变形。

(3)换挡系调整不当或发生运动障碍。

(4)同步器同步环失效。

2. 故障分析流程

(1)检查离合器分离状态,予以维修。

(2)拆下选换挡机构,检查定位销是否弯曲变形,如有问题更换定位销。

(3)检查换挡系部件间隙,予以调整。

(4)检查同步器,损坏予以更换。

三、变速器渗油

1. 故障原因

(1)油封过量磨损或损坏。

(2)密封胶涂抹不均匀或密封垫损坏。

(3)结合面磕碰未及时修平。

(4)差速器轴承损坏。

2. 故障分析流程

(1)油封过量磨损或损坏,予以更换油封。

(2)密封胶涂抹不均匀或密封垫损坏,更换密封垫从新涂抹密封胶。

(3)结合面磕碰未及时修平,予以修复。

(4)差速器轴承损坏,应当更换。

四、变速器掉挡

1. 故障原因

(1)同步器齿套或齿轮结合齿锥面磨损。

(2)换挡传动系统调整不当。

2. 故障分析流程

(1)同步器齿套或齿轮结合齿锥面磨损,应当更换相关零部件。

(2)换挡传动系统调整不当,予以调整。

五、变速器无挡

1. 故障原因

(1)换挡传动系松动。

(2)传动器换挡摇臂松动。

2. 故障分析流程

(1)换挡传动系松动应当予以检修。

(2)传动器换挡摇臂松动,予以检修。

六、离合器打滑

1. 故障原因

(1)分离机构安装/调整不正确。

(2)离合器片磨损超过极限值。

(3)离合器壳体内浸油。

(4)压盘总成失效。

(5)压盘总成选用不对。

(6)装配前花键孔内过多油脂未抹掉。

(7)驾驶员操作不当。

(8)摩擦片选用不当,过热引起摩擦系数下降或烧片。

(9)由于飞轮表面磨损引起压紧力损失。

(10)因过热引起压盘和飞轮发生翘曲导致接触面积减少。

2. 故障分析流程

(1)分离机构安装/调整不正确。如:离合器踏板自由行程过小,予以调整。

(2)离合器片磨损超过极限值,予以更换。

(3)离合器壳体内浸油,检查变速器与一轴油封。

(4)压盘总成失效,膜片弹簧发软,予以更换。

(5)压盘总成选用不对,储备系数太小,重新选配安装。

(6)装配前花键孔内过多油脂未抹掉,摩擦片表面有油污,清理摩擦片油污。

(7)驾驶员操作不当,将脚老放在离合器踏板上,应正确操作。

(8)摩擦片选用不当,过热引起摩擦系数下降或烧片,重新选配。

(9)由于飞轮表面磨损引起压紧力损失,予以修复。

(10)因过热引起压盘和飞轮发生翘曲导致接触面积减少,予以修复或更换。

七、离合器分离不彻底

1. 故障原因

(1)分离机构安装、调整不正确。

(2)分离指高度不一致。

(3)分离机构磨损或液压系统有空气或杂质。

(4)压盘、从动盘或飞轮扭曲变形。

(5)压盘总成失效。

(6)导向轴承烧死。

(7)从动盘花键孔或一轴花键损坏。

(8)分离轴承、拔叉保持架损坏。

2. 故障分析流程

(1)分离机构安装,调整不正确,离合器踏板自由行程过大,分离行程不够,重新予以调整。

(2)分离指高度不一致,重新调整分离指高度。

(3)分离机构磨损或液压系统有空气或杂质,排除空气。

(4)压盘、从动盘或飞轮扭曲变形,予以修复或更换。

(5)压盘总成失效,支承圈脱焊、传动片提升能力不足,予以修复。

(6)导向轴承烧死,予以更换。

(7)从动盘花键孔或一轴花键损坏,修复或更换。

(8)分离轴承、拔叉保持架损坏,修复或更换。

八、离合器发抖

1. 故障原因

(1)压盘总成分离指断裂。

(2)分离轴承(缺油)运动卡滞。

(3)压盘总成失效。

(4)汽车相关零件损坏。

(5)分离机构变形、松动或磨损。

(6)压盘总成安装歪斜,导致分离指不平。

(7)从动盘花键孔或一轴花键损坏或磨损。

(8)减振弹簧弹力减弱或折断。

(9)压盘、从动盘或飞轮扭曲变形。

(10)发动机支座松动或减振垫老化。

2. 故障分析流程

(1)压盘总成分离指断裂,予以更换。

(2)分离轴承(缺油)运动卡滞,添加润滑油。

(3)压盘总成失效支承圈脱焊、传动片提升能力不足,予以修复。

(4)汽车相关零件损坏导向轴承、输入轴、变速器齿轮等,更换零部件。

(5)分离机构变形、松动或磨损,予以修复或更换。

(6)压盘总成安装歪斜,导致分离指不平,予以修复。

(7)从动盘花键孔或一轴花键损坏或磨损,修复或更换。

(8)减振弹簧弹力减弱或折断,予以更换。

(9)压盘、从动盘或飞轮扭曲变形,予以修复或更换。

(10)发动机支座松动或减振垫老化,予以更换。

九、离合器发沉

1. 故障原因

(1)分离力过大,而泵选用过小。

(2)分离机构(杠杆比)不合理。

(3)液压系统有空气或有杂质。

2. 故障分析流程

(1)分离力过大,而泵选用过小,从新选配。

(2)分离机构(杠杆比)不合理,重新选配。

(3)液压系统有空气或有杂质,排除空气,清理杂质。

十、离合器异响

1. 故障原因

(1)分离轴承缺油、烧蚀有噪声。

(2)操纵机构调整不当,发卡。

(3)从动盘减振系统磨损或损坏。

(4)导向轴承润滑不良烧死。

(5)从动盘花键孔或一轴花键磨损松旷。

(6)分离指高低不平。

(7)发动机曲轴与变速器一轴不同心。

2. 故障分析流程

(1)分离轴承缺油、烧蚀有噪声,加注润滑油并修复。

(2)操纵机构调整不当,发卡,予以调整。

(3)从动盘减振系统磨损或损坏,更换。

(4)导向轴承润滑不良烧死更换。

(5)从动盘花键孔或一轴花键磨损松旷,更换。

(6)分离指高低不平,予以调整。

(7)发动机曲轴与变速器一轴不同心,予以调整修复。

任务四　制动系统的拆装

一、前制动器的拆装

所需工具:梅花扳手一套,常用大小套筒一套,力矩扳手一把,一字和十字螺丝刀各一把,游标卡尺和百分各一把,老虎钳和尖嘴钳各一把,塑料锤和铁锤各一把,制动液。

1. 拆卸

(1)使用17号套筒、力矩扳手拆下左前轮胎五颗紧固螺栓[安装力矩为(110±10)N·m],然后取下轮胎,如图3-53所示。

(2)使用平口螺丝刀将左驱动轴紧固螺母的凹陷部分撬起,如图3-54所示。

(3)使用32号套筒、力矩扳手拆下左驱动轴紧固螺母[安装力矩为(270±20)N·m],如图3-55所示。

(4)取下左驱动轴紧固螺母和里面的垫片，如图3-56所示。

图3-53　拆下左前轮胎紧固螺

图3-54　将紧固螺母凹陷部分撬起

图3-55　拆下左驱动轴紧固螺母

图3-56　取下紧固螺母和里面的垫片

(5)使用13号套筒、棘轮扳手拆下制动分泵与制动钳连接的两颗螺栓[安装力矩为(22±1)N·m]，然后将其平稳地放在挡尘板和转向节上，如图3-57所示。

(6)取出制动摩擦片，如图3-58所示。

图3-57　拆下制动分泵与制动钳连螺

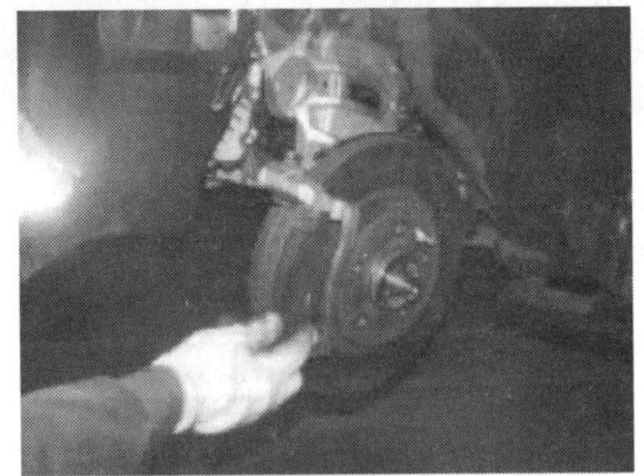
图3-58　取出制动摩擦片

(7)使用17号套筒、棘轮扳手拆下转向节与制动钳连接的两颗螺栓[安装力矩为(85±5)N·m]，如图3-59所示。

(8)取下制动钳，如图3-60所示。

图3-59　拆下制动钳连接螺栓

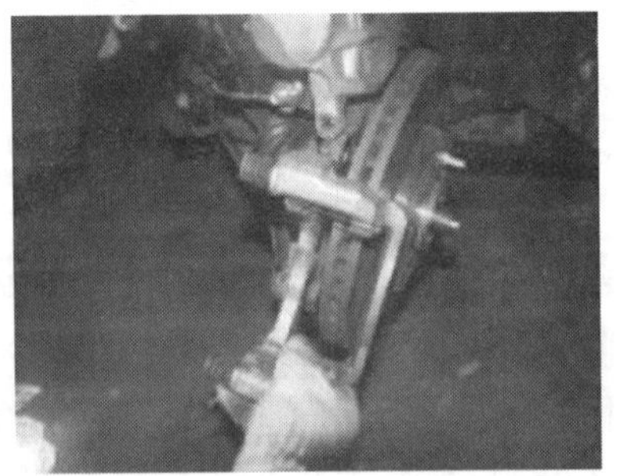
图3-60　取下制动钳

(9)使用11号梅花扳手拆下制动盘定位螺钉[安装力矩为(8±1)N·m],如图3-61所示。

(10)使用13号梅花扳手拆下刹车油管与制动分泵连接螺母后[安装力矩为(17±1)N·m],使用干净的容器回收制动液,然后取下制动分泵,如图3-62所示。

图3-61 拆下制动盘定位螺钉

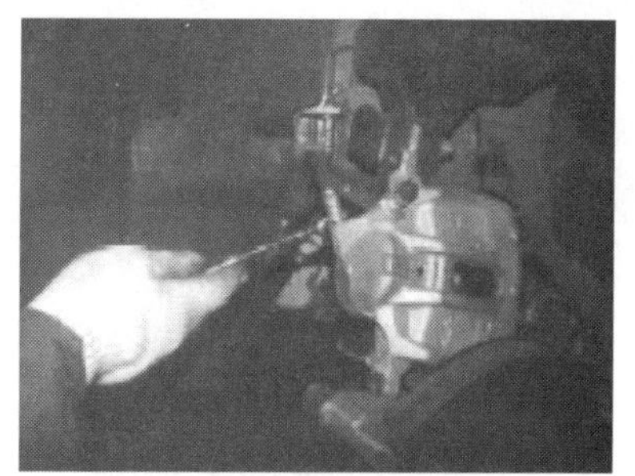

图3-62 拆下制动分泵

2. 检修

(1)前制动摩擦片标准厚度为11mm,如果小于9.5mm,应更换;后制动摩擦片标准厚度为10.2mm,如果小于8.7mm,应更换。更换时应成对更换,如图3-63所示。

(2)拆下防尘密封圈并检查防尘密封圈的受损情况,如有必要,进行更换。清洁制动活塞的接触面,并涂上一层薄薄的消声膏。注意,防尘密封圈不允许接触消声膏,因为消声膏会使其膨胀,如图3-64所示。

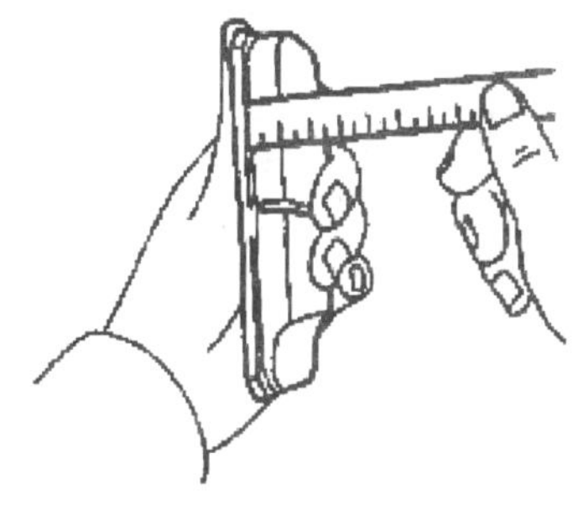

图3-63 检修制动摩擦片

图3-64 检修防尘密封图

(3)拆出活塞。准备一块木板,用于挡住活塞,将木板放在活塞与制动钳壁之间。通过连接孔用压缩空气小心地压出活塞,如图3-65所示。

(4)检测导向套筒。用手推动导向套筒应灵活自如,如有卡滞或不灵活现象,应更换。注意,在装配时应在导向套筒上涂润滑脂。如图3-66所示。

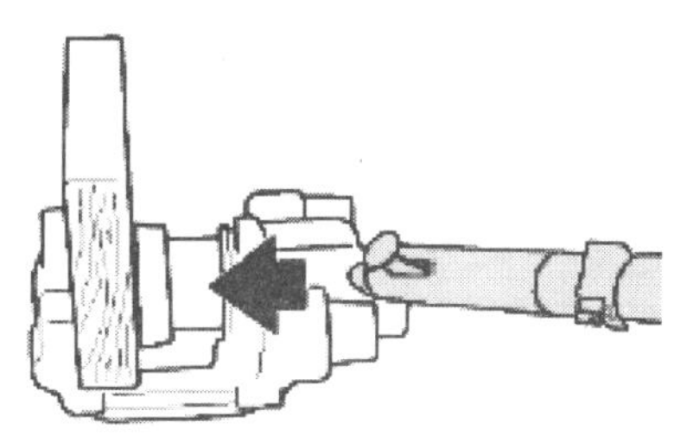

图3-65 用压缩空气压出活塞

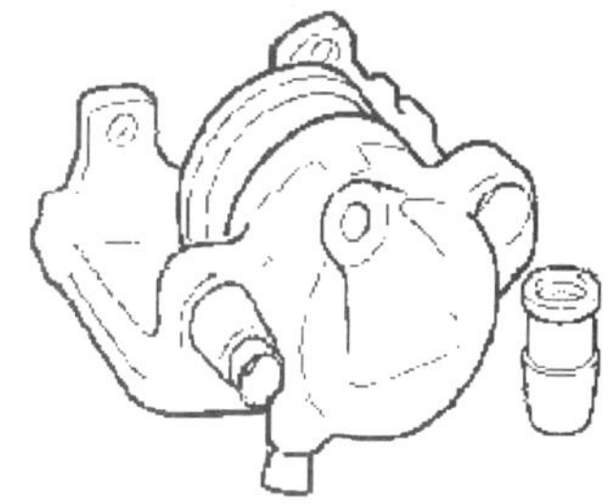

图3-66 检测导向套筒

(5)用塑料针小心拆下密封环,用酒精清洁制动缸和其他部件。并用压缩空气将其吹干。仔细检查制动缸、活塞和凸缘表面,不允许对制动缸和活塞进行机械加工,如图3-67所示。

(6)制动分泵安装。在缸体、柱塞和密封套上涂薄薄的制动缸膏。在制动缸后部环型槽中安装密封圈。将防尘密封圈安装在前环型槽中，并将其整个压入，如图3-68所示。

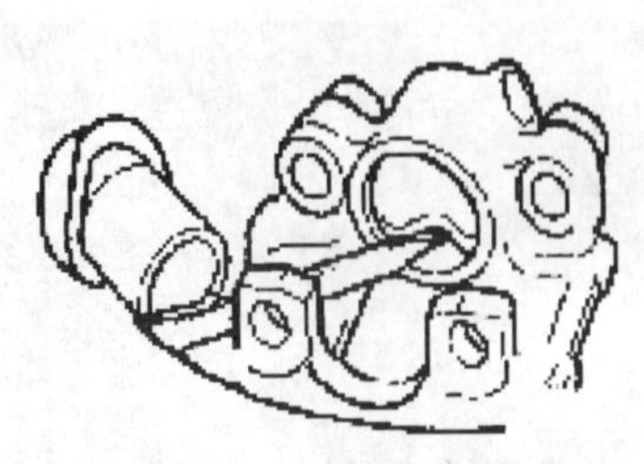

图3-67 拆下密封环

图3-68 制动分泵安装

(7)防尘密封圈和制动钳壳体间的区域必须保持干燥。不允许接触制动缸膏或制动液，以确保防尘密封圈的正确位置，如图3-69所示。

(8)用加长件或螺丝刀将制动器活塞固定住，并轻轻的压到防尘密封圈上。用压缩空气(最大3.0bar)吹防尘圈，将涨圈套在活塞上，如图3-70所示。

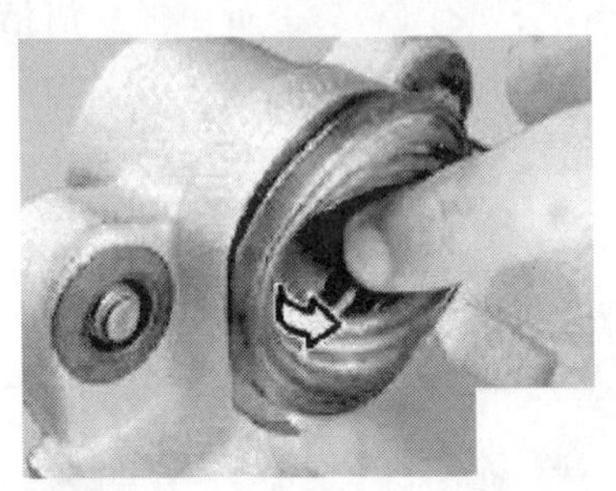

图3-69 防尘密封圈位置

图3-70 制动器活塞压到防尘密封圈上

(9)制动盘检测。检测制动盘的厚度，前制动盘标准厚度为25mm，如果厚度小于23mm则更换；后制动盘标准厚度10mm，如果厚度小于8mm则更换，如图3-71所示。

(10)用百分表检测制动盘端面最大圆跳动，如果大于0.025mm，请进行更换。(在保证制动盘厚度的前提下也可进行适当机械加工来满足最大圆跳动量)，如图3-72所示。

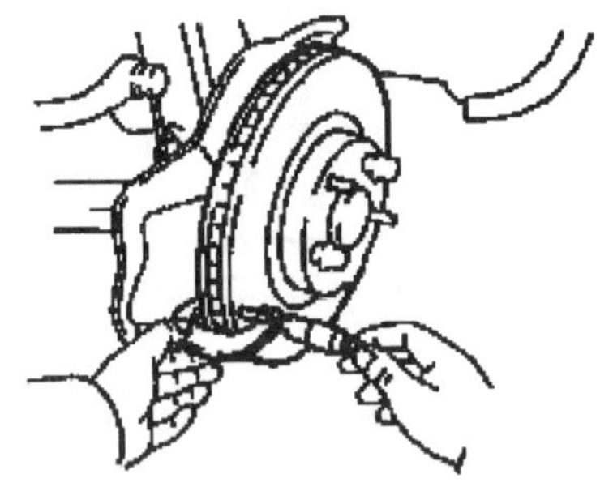

图3-71 制动盘检测

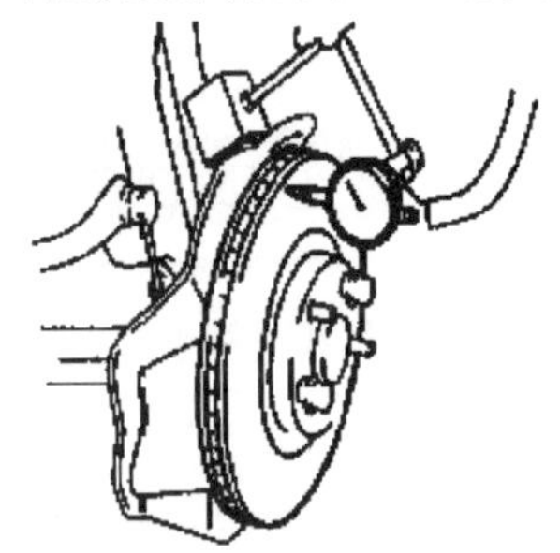

图3-72 检测制动盘

3. 安装

安装顺序和拆卸顺序相反。

二、后制动器的拆装

所需工具：梅花扳手一套，常用大小套筒一套，力矩扳手一把，一字和十字螺丝刀各一把，游标卡尺和百分表各一把,老虎钳和尖嘴钳各一把,塑料锤和铁锤各一把,制动液。

1. 拆卸

(1)使用17号套筒、扭力扳手拆下右后轮[安装力矩为(110±10)N·m],如图3-73所示。

(2)使用30号套筒、扭力扳手拆下右后轮轮毂轴承螺母[安装力矩为(230±10)N·m],如图3-74所示。

图3-73 拆下右后轮

图3-74 拆下轮毂轴承螺母

(3)使用13号套筒、棘轮扳手拆下右后轮制动分泵与制动钳连接的两个螺栓[安装力矩为(22±1)N·m],然后将其平稳的放在转向节上,如图3-75所示。

(4)使用17号套筒、棘轮扳手拆下制动钳与转向节连接的两颗紧固螺栓[安装力矩为(85±5)N·m],如图3-76所示。

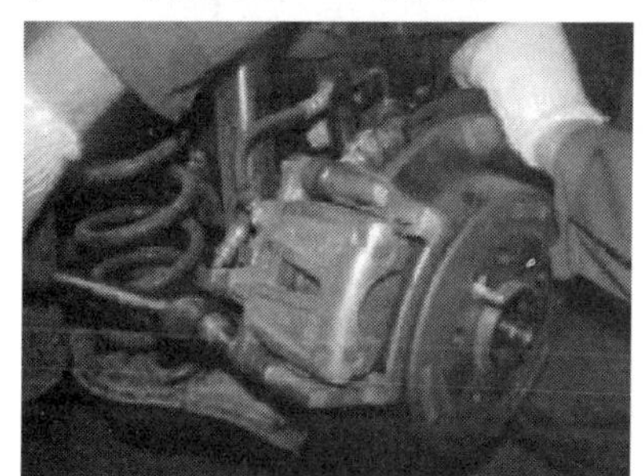

图3-75 拆下右后轮制动分泵

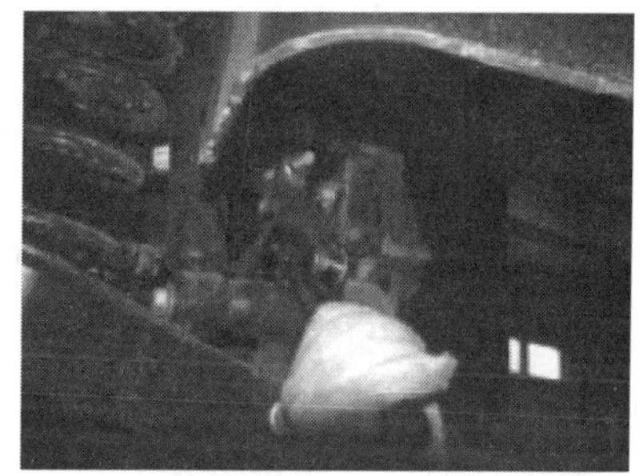

图3-76 拆下制动钳与转向节连接紧固螺栓

(5)将制动钳和制动片一起取下,如图3-77所示。

(6)使用11号梅花扳手拆下右后轮制动盘紧固螺钉[安装力矩为(8±1)N·m],如图3-78所示。

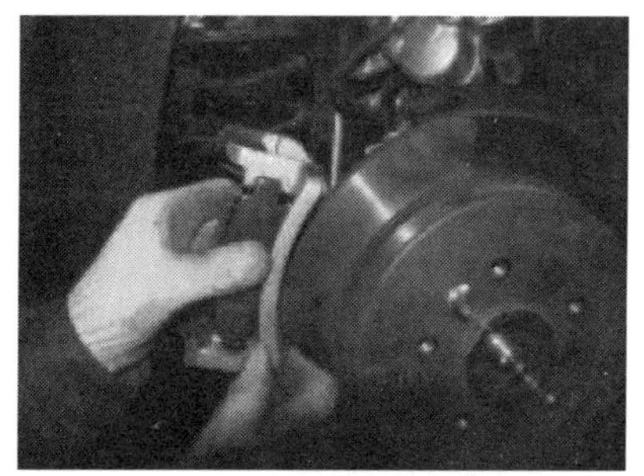

图3-77 将制动钳和制动片一起取下

图3-78 拆下右后轮制动盘紧固螺钉

(7)取下右后制动盘,如图3-79所示。

(8)取下右后轮毂,如图3-80所示。

图 3-79　取下右后制动盘

图 3-80　取下右后轮毂

(9)使用一字螺丝刀撬出挡尘板上的驻车制动器拉线支架固定卡,如图 3-81 所示。

(10)使用一字螺丝刀撬出另一边的卡子,如图 3-82 所示。

图 3-81　撬出固定卡

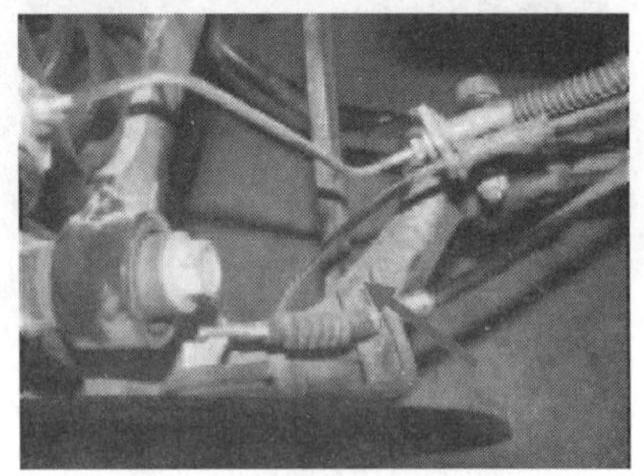

图 3-82　撬出另一边的卡子

(11)取下右后驻车制动器拉线,如图 3-83 所示。

(12)使用 15 号套筒拆下右后挡尘板与右后转向节连接的四个螺栓[安装力矩为(63 ±1)N·m],如图 3-84 所示。

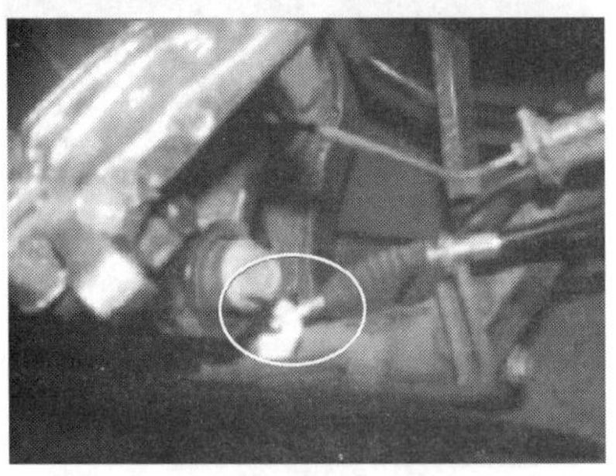

图 3-83　取下右后驻车制动器拉线

图 3-84　拆下挡尘板与转向节连接螺栓

(13)将右后挡尘板和制动蹄一起取下,如图 3-85 所示。

(14)使用尖嘴钳拆下右后驻车制动器上的两个固定弹簧,如图 3-86 所示。

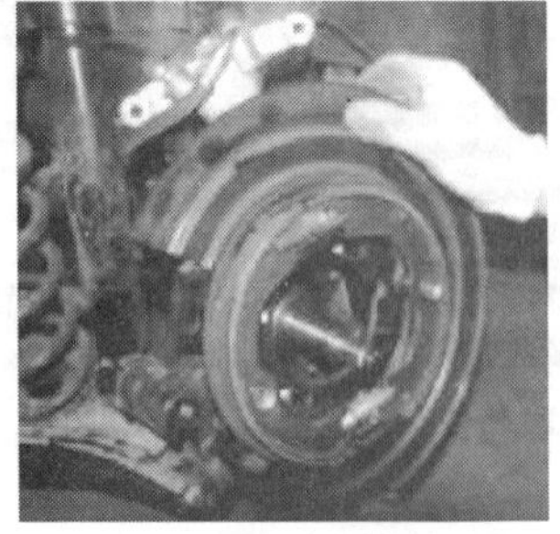

图 3-85　将挡尘板和制动蹄取下

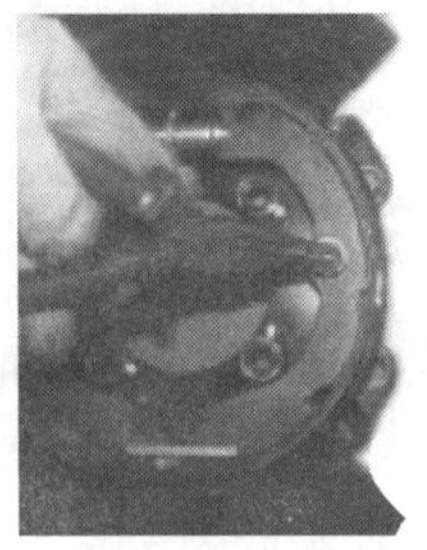

图 3-86　拆下驻车制动器上固定弹簧

(15)双手拉伸驻车制动器,调整轮会自动落下来,如图 3-87 所示。

(16)取下制动器上的驻车拉线固定装置和两个弹簧。右后驻车制动器分解完毕,如图 3-88 所示。

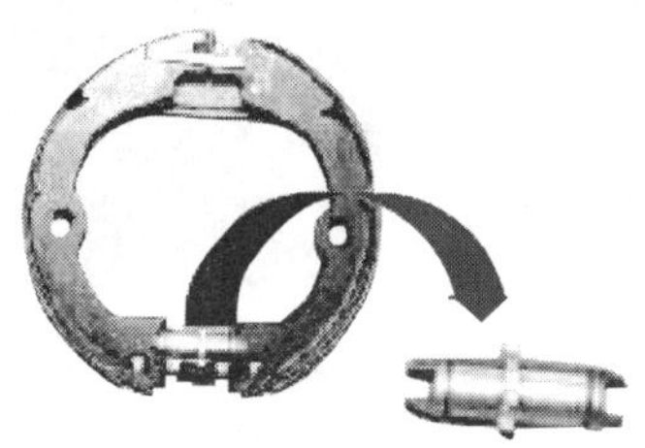

图 3-87　拆调整轮

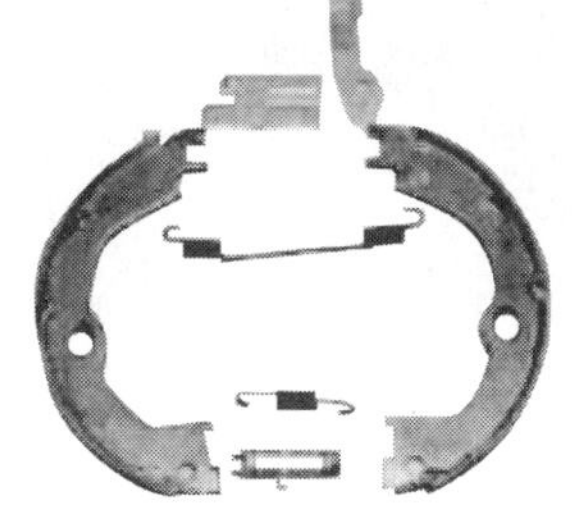

图 3-88　取下驻车拉线固定装置

2. 检修

检修方法与前制动器的检修方法相同。

3. 安装

安装顺序和拆卸顺序相反。

三、驻车制动器的拆装

所需工具:梅花扳手一套,常用大小套筒一套,力矩扳手一把,一字和十字螺丝刀各一把,尖嘴钳一把。

1. 拆卸

(1)拆下副仪表台。

(2)使用 10 号扳手拆下驻车制动器拉线调整螺母,如图 3-89 所示。

(3)取下拉线,如图 3-90 所示。

图 3-89　拆下驻车制动器拉线调整螺母

图 3-90　取下拉线

(4)使用 10 号扳手拆下驻车制动器拉线与拖曳臂连接的螺栓[安装力矩为(10 ± 1)N·m],左右各一个,如图 3-91 所示。

(5)使用一字螺丝刀撬下驻车制动器拉线与挡尘板之间连接的固定卡,左右各一个,如图 3-92 所示。

(6)从车身下面取出驻车制动器拉索头,如图 3-93 所示。

(7)取下驻车制动器拉线,左右各一个。

2. 调整

(1)驻车制动器的调整在安装完制动鼓后,调整间隙调整机构上的调整轮,使制动蹄紧贴制动鼓,然后往上调调整轮 5 个牙,如图 3-94 所示。

(2)手制动操纵的调整,如图 3-95 所示。

图 3-91　拆下驻车制动器拉线螺栓

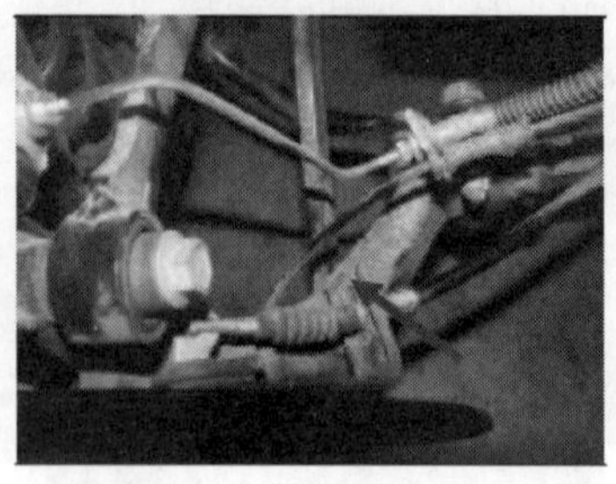

图 3-92　撬下固定卡

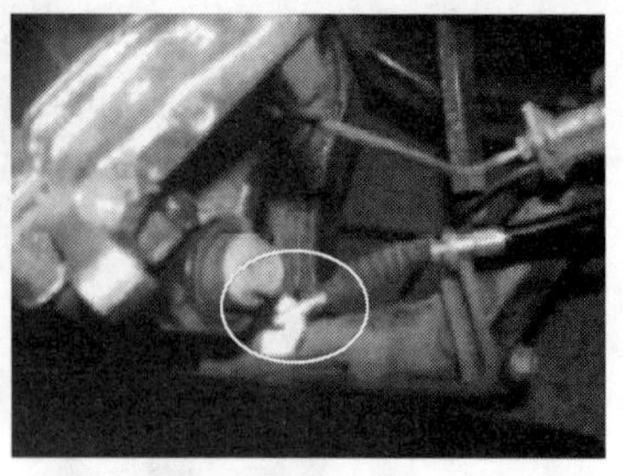

图 3-93　取出驻车制动器拉索头

图 3-94　调整轮

①调节手制动时应先把驻车制动器调节完毕。

②把手制动手柄放在最低位置。

③调节螺母使后制动盘能自由转动。

④拉起手制动手柄一齿，使制动盘处于抱死状态即可。

3. 安装

安装顺序和拆卸顺序相反。

四、ABS 系统的拆装

所需工具：奇瑞专用诊断仪，开口扳手一套，棘轮扳手，套筒一套。

1. 拆卸

(1)把 ABS 模块插头卸下，然后将图中白色的卡子向箭头方向推，ABS 模块插头就会向后退出，如图 3-96 所示。

图 3-95　手制动操纵

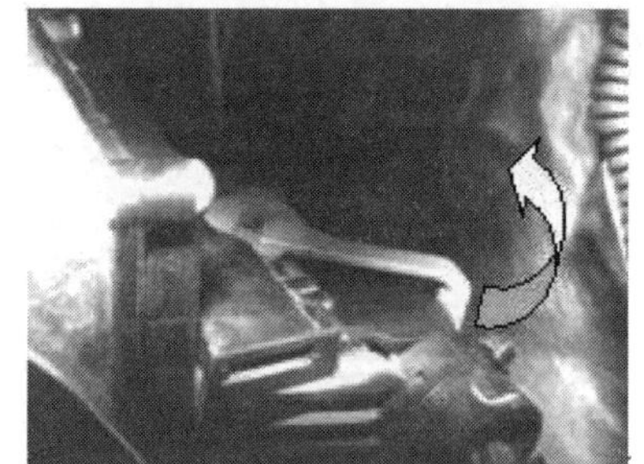

图 3-96　拆下 ABS 模块插头

(2)用 10 号开口扳手卸下 ABS 总成与管路连接螺母[安装力矩为(15 ±3)N·m]，如图 3-97 所示。

(3)使用 10 套筒、棘轮扳手卸下 ABS 总成与支架的连接螺栓[安装力矩为(10 ±1)N·m]，取出 ABS 总成，如图 3-98 所示。

图 3-97　卸下 ABS 总成与管路连接螺母

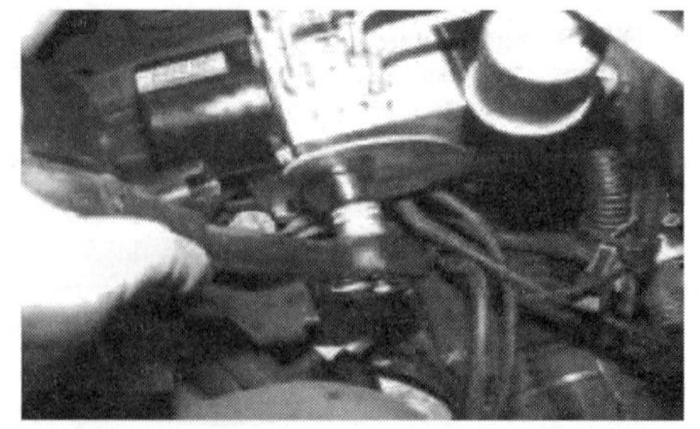

图 3-98　卸下 ABS 总成与支架的连接螺栓

2. 安装

安装顺序和拆卸顺序相反。安装完毕后,接通电源,用诊断仪进入系统,读取故障码然后清除,完成后再进行测试。

任务五　悬架系统的拆装

一、前桥及悬架的拆装

所需工具:梅花扳手一套,常用大小套筒一套,力矩扳手一把,一字和十字螺丝刀各一把,游标卡尺和百分表各一把,老虎钳和尖嘴钳各一把,塑料锤和铁锤各一把,动力转向液。

1. 拆卸

(1)使用17号扭力扳手或随车扳手卸下轮胎紧固螺母[安装力矩为(110±10)N·m],卸下轮胎,如图3-99所示。

(2)拔下轮速传感器接头并将线固定在不影响减振器拆卸的地方,如图3-100所示。

(3)使用13号扳手拆下减振器与稳定杆连接的螺栓[安装力矩为(50±5)N·m],如图3-101所示。

图3-99　卸下轮胎紧固螺母

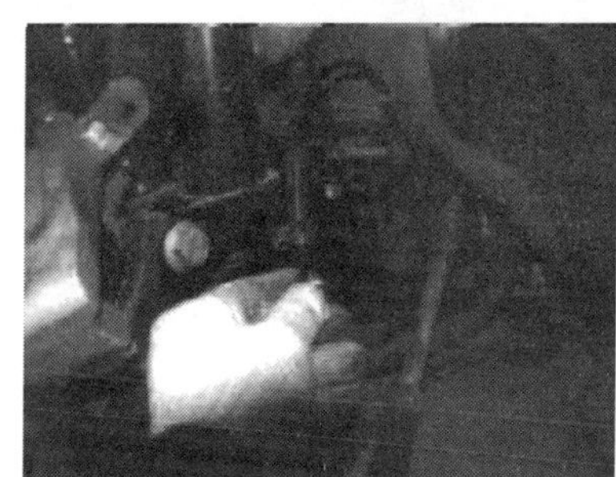

图3-100　拔下轮速传感器接头

图3-101　拆下减振器与稳定杆连接的螺栓

(4)使用18号套筒拆下减振器总成与转向节的两颗连接螺栓[安装力矩为(110±10)N·m],如图3-102所示。

(5)使用13号扳手拆下减振器与车身壳体连接的三个螺母[安装力矩为(50±5)N·m],取下减振器,如图3-103所示。

图3-102　拆下减振器总成转向节的连接螺栓

图3-103　拆下减振器与车身壳体连接的螺母

(6)(以左边为例),使用19号梅花扳拆下左控制臂球头与左转向节总成连接的螺母[安装力矩为(120±10)N·m],如图3-104所示。

(7)使用15 号、18 号扳手拆下副车架与控制臂连接的两个螺栓和螺母[安装力矩为(120 ±10)N·m],然后取下左控制臂总成,如图 3-105 所示。

图 3-104 拆下左控制臂球头与左转向节总成连接的螺母

图 3-105 拆下副车架与控制臂连接的螺栓和螺母

(8)前桥总成的拆卸,如图 3-106 所示。

(9)拔下该处连接,如图 3-107 所示。

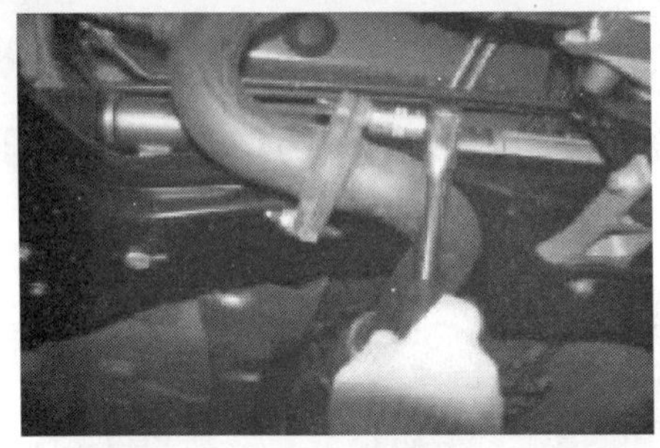

图 3-106 前桥总成的拆卸

图 3-107 拔下该处连接

(10)使用 13 号套筒拆下前消声器与后消声器连接螺栓[安装力矩为(25 ±3)N·m],然后断开该处的连接,如图 3-108 所示。

(11)使用 10 号套筒拆下波纹管与三元催化转化器处的两个螺栓[安装力矩为(13 ±1)N·m],然后抬下排气管,如图 3-109 所示。

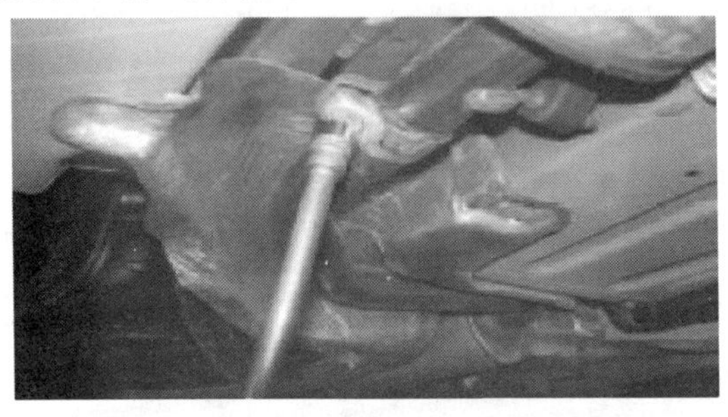

图 3-108 拆下前消声器与后消声器连接螺栓

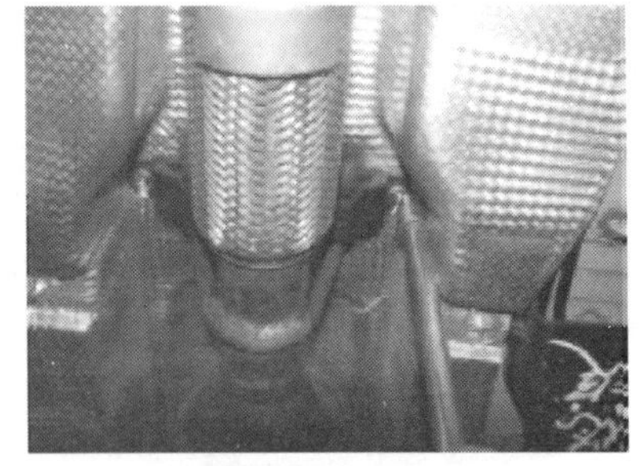

图 3-109 拆下波纹管与三元催化转化器处的螺栓

(12)使用 8 号扳手拆下车速传感器固定螺栓[安装力矩为(10 ±1)N·m],左右各一个,如图 3-110 所示。

(13)取下车速传感器,左右各一个,如图 3-111 所示。

(14)把固定在减振器上的车速传感器线拔下,左右各一个,如图 3-112 所示。

(15)使用 17 号扳手拆下横拉杆球头螺母[安装力矩为(35 ±3)N·m],左右各一个,如图 3-113 所示。

(16)使用 19 号扳手拆下转向节与控制臂球头连接的螺母[安装力矩为(120 ±10)N·m],

左右各一个，如图 3-114 所示。

(17)使用 18 号套筒拆下发动机后悬置与副车架连接螺栓螺母[安装力矩为(110±10)N·m]，如图 3-115 所示。

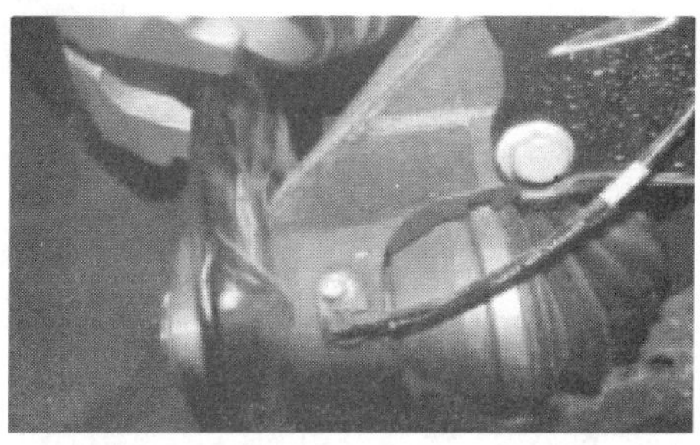

图 3-110 拆下车速传感器固定螺栓

图 3-111 取下车速传感器

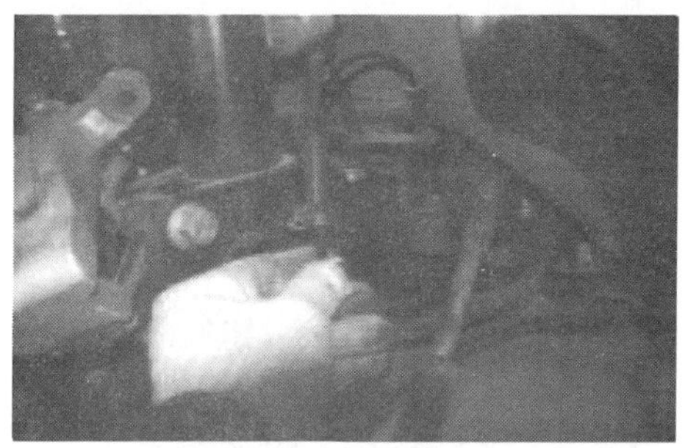

图 3-112 拔下车速传感器线

图 3-113 拆下横拉杆球头螺母

图 3-114 拆下转向节与控制臂球头连接的螺母

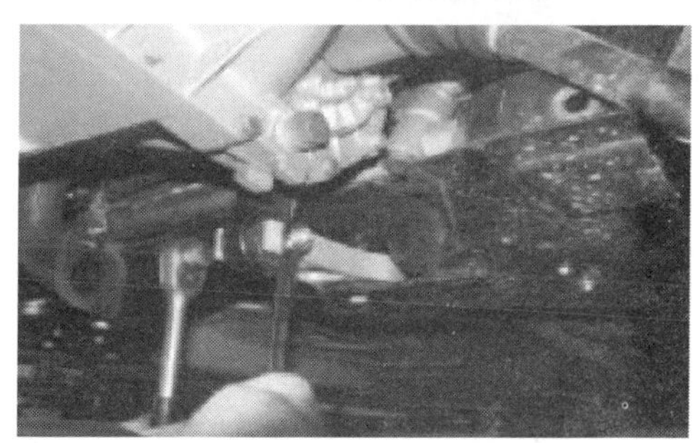

图 3-115 拆下发动机后悬置与副车架连接螺栓螺母

(18)使用 19 号套筒和力矩扳手拆下转向器与副车架连接的螺栓[安装力矩为(100±10)N·m]，左右各一个，如图 3-116 所示。

(19)使用 15 号扳手拆下车身与副车架连接的螺栓[安装力矩为(120±10)N·m]，如图 3-117 所示。

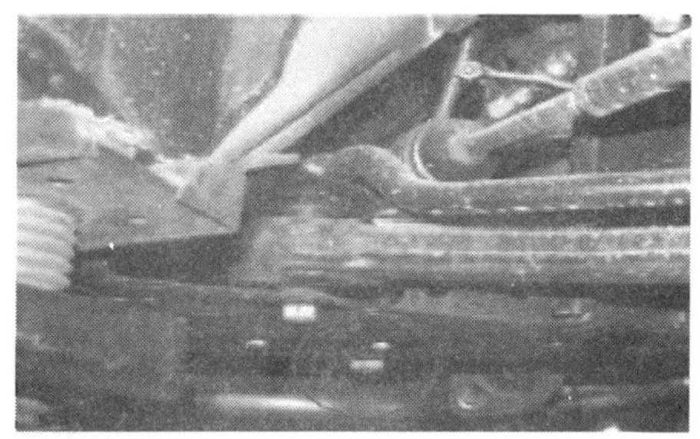

图 3-116 拆下转向器与副车架连接的螺栓

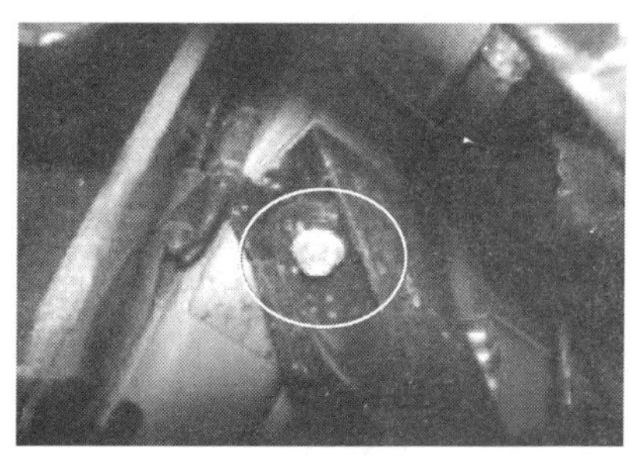

图 3-117 拆下车身与副车架连接的螺栓

(20)使用15号扳手拆下车身与副车架连接的螺栓[安装力矩为(120±10)N·m],左右各一个,然后取下前桥,如图3-118所示。

2.安装

安装顺序和拆卸顺序相反。

二、后桥及悬架的拆装

所需工具:梅花扳手一套,常用大小套筒一套,力矩扳手一把,一字和十字螺丝刀各一把,老虎钳和尖嘴钳各一把,塑料锤和铁锤各一把。

1.拆卸

(1)使用17号套筒、力矩扳手或随车扳手卸下轮胎紧固螺母[安装力矩为(110±10)N·m],然后取出轮胎,如图3-119所示。

图3-118　拆下车身与副车架连接的螺栓

图3-119　卸下轮胎紧固螺母

(2)使用18号套筒拆下减振器总成与右后下控制臂连接的螺栓[安装力矩为(200±20)N·m],如图3-120所示。

(3)使用17号长套筒、棘轮扳手拆下右后减振器与车身连接的螺母[安装力矩为(33±3)N·m],然后取出右后减振器,如图3-121所示。

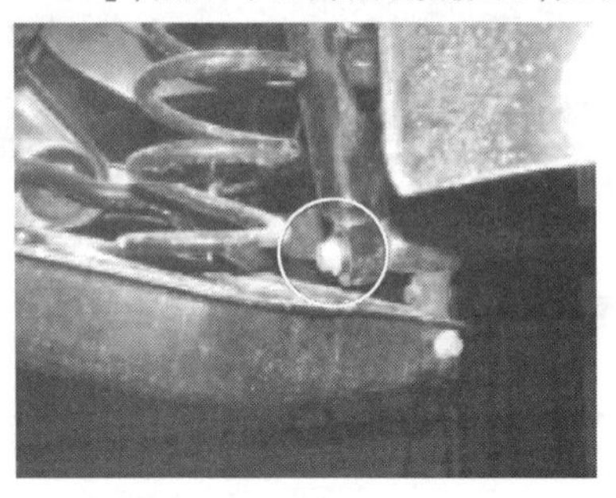

图3-120　拆下减振器总成与右后下控制臂连接的螺栓

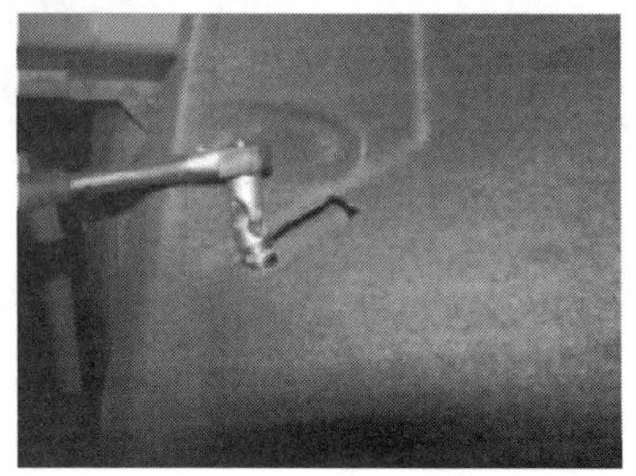

图3-121　拆下右后减振器与车身连接的螺母

(4)使用15号套筒、棘轮扳手拆下右下控制臂与右后转向节连接的螺栓[安装力矩为(90±5)N·m],然后取出右后减振弹簧,如图3-122所示。

(5)使用13号扳手拆下波纹管前端的螺母和螺栓[安装力矩为(17±1)N·m],如图3-123所示。

(6)拔下三元催化转化器前的橡胶圈,如图3-124所示。

(7)拔下三元催化转化器后的橡胶圈,如图3-125所示。

(8)使用10号套筒和棘轮扳手拆下三元催化转化器和波纹管之间的两颗与车身连接的螺栓[安装力矩为(13±1)N·m],如图3-126所示。

(9)拔下后消声器与车身吊钩连接的橡胶圈,然后抬下排气管,如图 3-127 所示。

图 3-122　拆下右下控制臂与右后转向节连接的螺栓

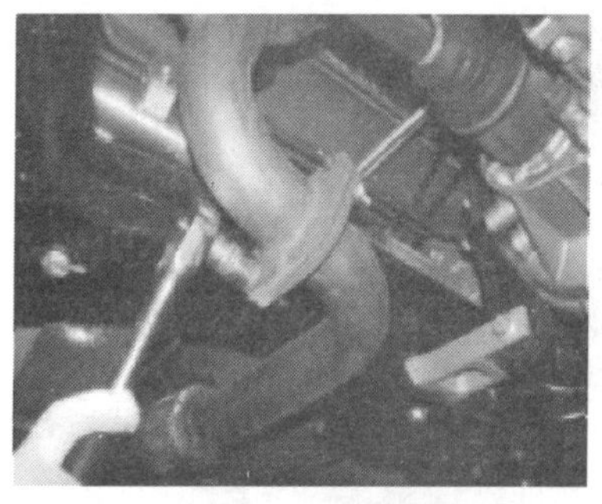

图 3-123　拆下波纹管前端的螺母和螺栓

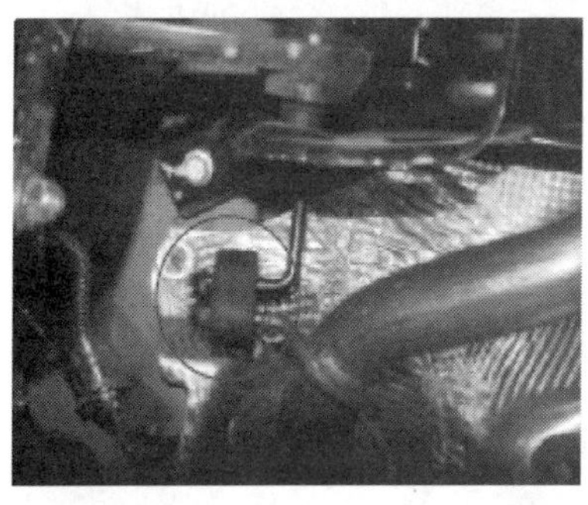

图 3-124　拔下三元催化转化器前的橡胶圈

图 3-125　拔下三元催化转化器后的橡胶圈

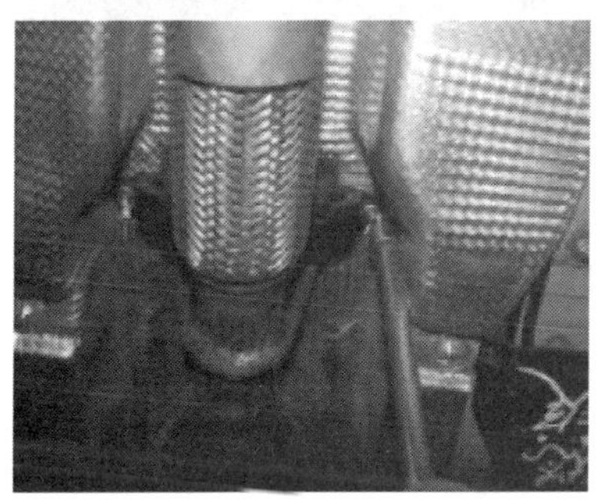

图 3-126　拆下三元催化转化器螺栓

图 3-127　拔下橡胶圈

(10)拆下右后挡尘板和驻车制动器。(拆装方法见后制动器拆装部分)

(11)使用一字螺丝刀撬下转向节支架上的固定卡,如图 3-128 所示。

(12)用 8 号套筒、棘轮扳手拆下右后轮速传感器固定螺栓,然后取出传感器,如图 3-129 所示。

图 3-128　撬下转向节支架上的固定卡

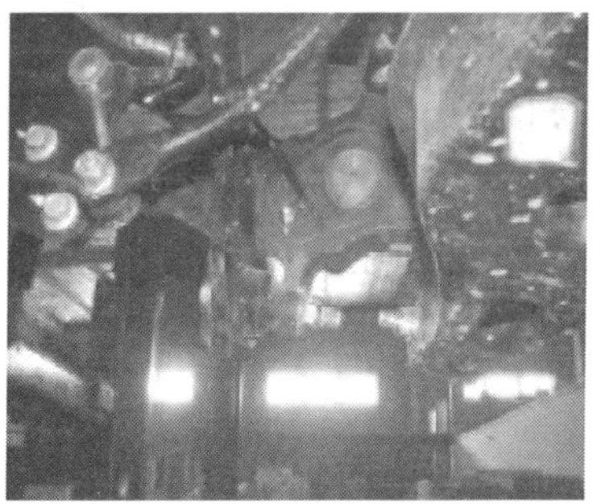

图 3-129　拆下右后轮速传感器固定螺栓

(13)使用 10 号套筒、棘轮扳手拆下驻车制动器拉线固定支架螺栓[安装力矩为(10±1)N·m],

如图 3-130 所示。

(14)拔下固定在右后拖曳臂支架上的右后驻车制动器拉线,如图 3-131 所示。

图 3-130　拆下驻车制动器拉线固定支架螺栓

图 3-131　拆下制动器拉线

(15)使用 18 号套筒、棘轮扳手拆下右后减振器右后下控制臂连接的螺栓[安装力矩为(200 ±20)N·m],如图 3-132 所示。

(16)使用一字螺丝刀撬开右后制动油管固定卡,然后松开制动油管,如图 3-133 所示。

图 3-132　拆下右后减振器右后下控制臂连接的螺栓

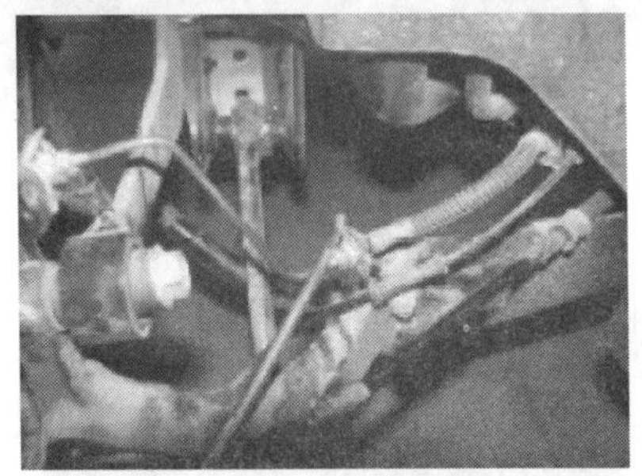

图 3-133　松开制动油管

(17)使用 13 号扳手拆下右后制动分泵油管螺栓[安装力矩为(17 ±1)N·m],制动液需用干净的容器回收,如图 3-134 所示。

(18)使用液压升降输送机顶住后桥,然后使用 15 号套筒、棘轮扳手拆下后桥与车身连接的紧固螺栓[安装力矩为(120 ±10)N·m],如图 3-135 所示。

图 3-134　拆下右后制动分泵油管螺栓

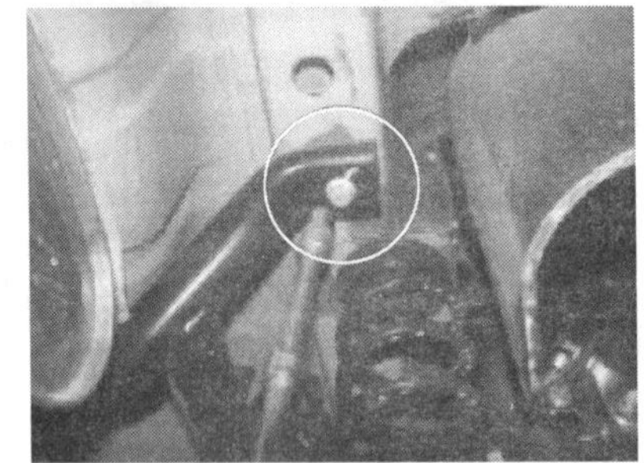

3-135　拆下后桥与车身连接的紧固螺栓

(19)使用 15 号套筒、棘轮扳手拆下的后桥与车身连接的紧固螺栓[安装力矩为(120 ±10)N·m],如图 3-136 所示。

(20)使用 15 号套筒、棘轮扳手拆下后桥与车身连接的紧固螺栓[安装力矩为(50 ±5)N·m],如图 3-137 所示。

2. 安装

安装顺序和拆卸顺序相反。

图 3-136　拆下的后桥与车身连接的紧固螺栓

图 3-137　拆下后桥与车身连接的紧固螺栓

任务六　转向系统的拆装

一、转向器的拆装

所需工具：梅花扳手一套，常用大小套筒一套，力矩扳手一把，一字和十字螺丝刀各一把，老虎钳和尖嘴钳各一把，塑料锤和铁锤各一把，动力转向液。

1. 拆卸

(1)使用13号扳手拆下波纹管前端的螺母和螺栓[安装力矩为(17 ±1)N·m]，如图3-138所示。

(2)拔下三元催化转化器前的橡胶圈，如图3-139所示。

图 3-138　拆下波纹管前端的螺母和螺栓

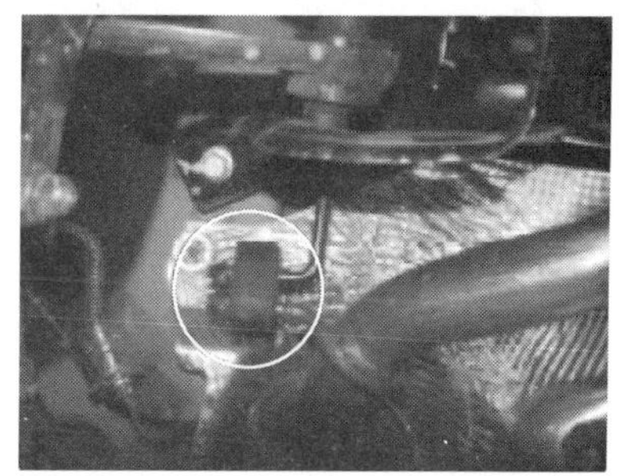

图 3-139　拔下三元催化转化器前的橡胶圈

(3)拔下三元催化转化器后的橡胶圈，如图3-140所示。

(4)使用10号套筒和棘轮扳手拆下三元催化转化器和波纹管之间的两颗与车身连接的螺栓[安装力矩为(13 ±1)N·m]，如图3-141所示。

图 3-140　拔下三元催化转化器后的橡胶圈

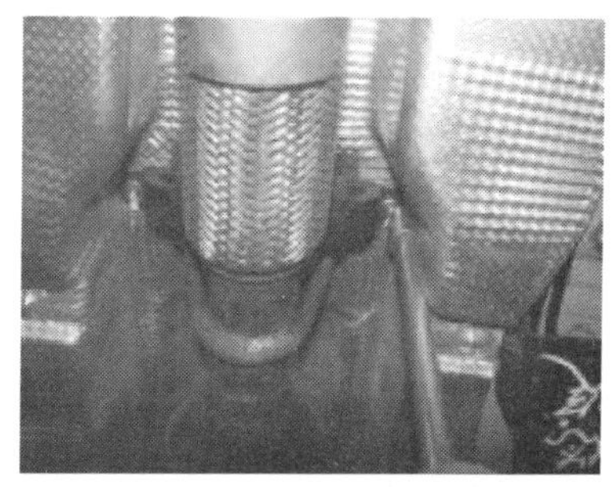

图 3-141　拆下两颗与车身连接的螺栓

(5)拔下后消声器与车身吊钩连接的橡胶圈，然后抬下排气管，如图3-142所示。

(6)拆下左制动盘后,使用17号梅花扳手拆下左横拉杆球头与转向节连接的螺母[安装力矩为(35±3)N·m],如图3-143所示。

图3-142　拔下后消声器与车身吊钩连接的橡胶圈

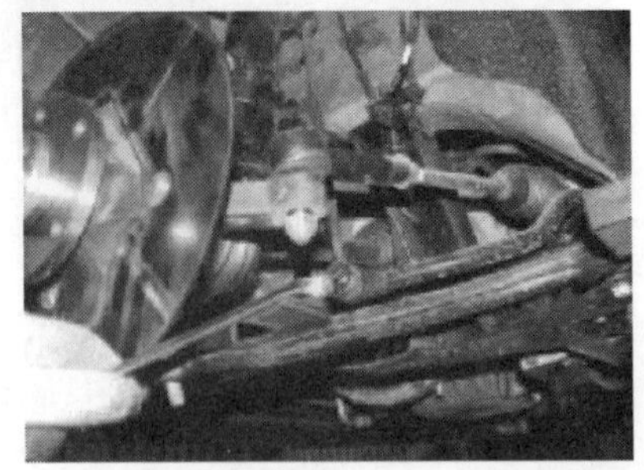
图3-143　拆下左横拉杆球头与转向节连接的螺母

(7)使用8号套筒和棘轮扳手拆下左前轮速传感器的固定螺栓[安装力矩为(10±1)N·m],如图3-144所示。

(8)取下轮速传感器,如图3-145所示。

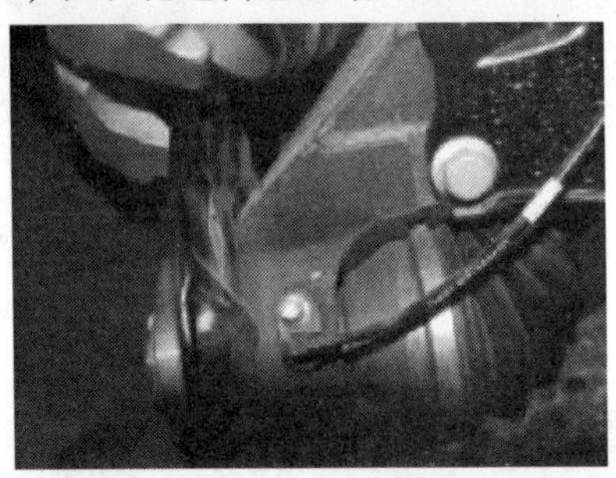
图3-144　拆下左前轮速传感器的固定螺栓

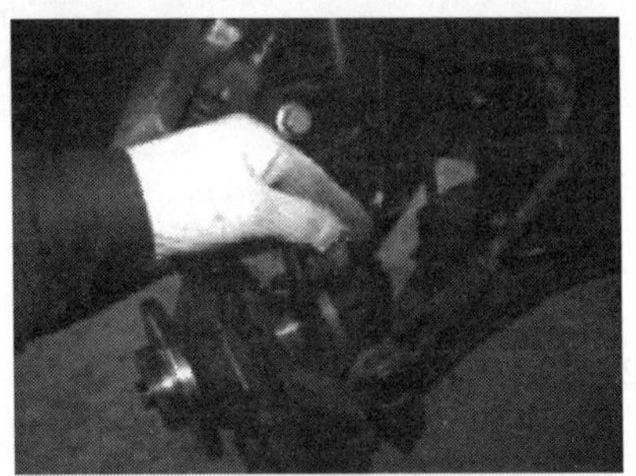
图3-145　取下轮速传感器

(9)从左前减振器上拔下轮速传感器线,如图3-146所示。

(10)拔下左前轮速传感器线,如图3-147所示。

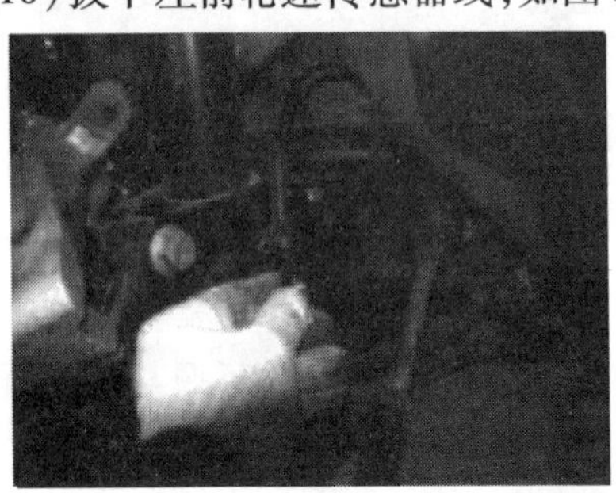
图3-146　从左前减振器上拔下轮速传感器线

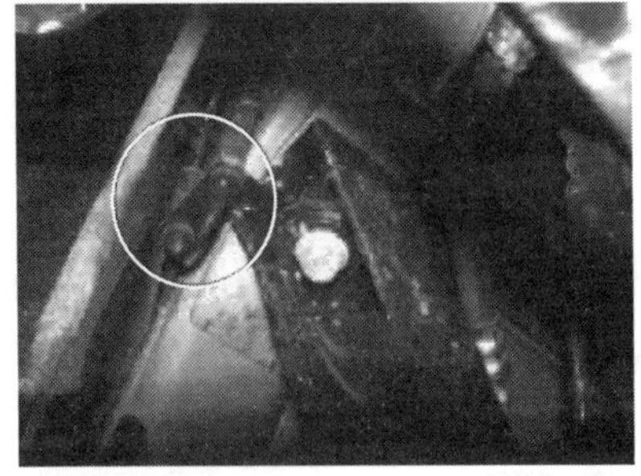
图3-147　拔下左前轮速传感器线

(11)使用17号扳手拆下转向节与下摆臂球头的螺母[安装力矩为(120±10)N·m],如图3-148所示。

(12)将左前制动分泵用绳子从中间穿过并固定在车上,固定好的位置不能影响拆卸,如图3-149所示。

(13)将左驱动轴从左转向节拔出,并用绳子扎起来,如图3-150所示。

(14)使用卡箍钳将动力转向回油管卡箍拆下,拆卸时需准备好容器回收,如图3-151所示。

(15)使用17号开口扳手拆下动力转向进油管螺母[安装力矩为(11±3)N·m],如图3-152

所示。

(16)使用10号套筒和棘轮扳手拆下转向万向节与转向器连接的螺栓[安装力矩为(30±3)N·m],如图3-153所示。

图3-148　拆下转向节与下摆臂球头的螺母

图3-149　将左前制动分泵用绳子固定在车上

图3-150　将左驱动轴从左转向节拔出

图3-151　将动力转向回油管卡箍拆下

图3-152　拆下动力转向进油管螺母

图3-153　拆下转向万向节与转向器连接的螺栓

(17)使用15号套筒、棘轮扳手、梅花扳手拆下螺母和螺栓[安装力矩为(90±5)N·m],如图3-154所示。

(18)使用液压升降输送器顶住前桥,如图3-155所示。

图3-154　拆下螺母和螺栓

图3-155　使用液压升降输送器顶住前桥

(19)用15号扳手拆下车身与副车架连接的螺栓[安装力矩为(110±10)N·m],如图3-156所示。

(20)用15号扳手拆下车身与前副车架连接的螺栓[安装力矩为(110±10)N·m],如图3-157所示。

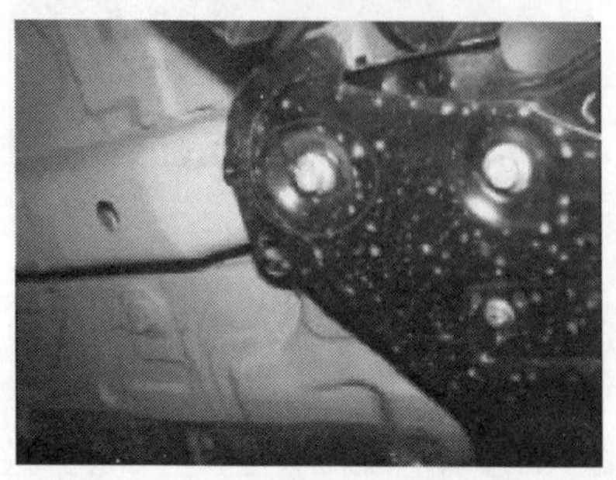

图3-156 拆下车身与副车架连接的螺栓

图3-157 拆下车身与前副车架连接的螺栓

(21)用13号扳手拆下减振器与车身壳体连接的三个螺母[安装力矩为(50±5)N·m],如图3-158所示。

(22)使用液压升降输送器将前桥放下,如图3-159所示。

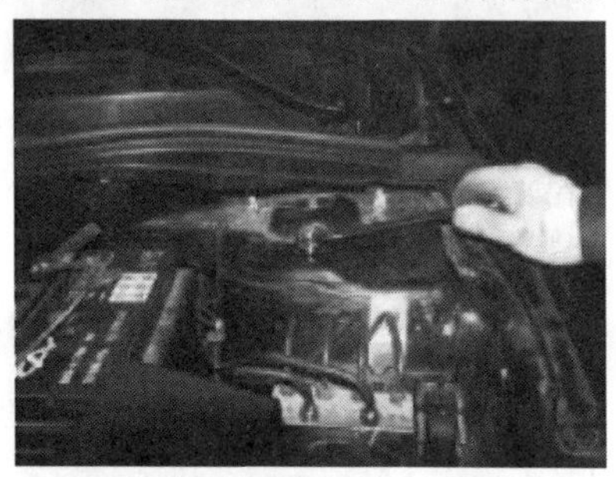

图3-158 拆下减振器与车身壳体连接的螺母

图3-159 使用液压升降输送器将前桥放下

(23)取下前桥、悬挂和转向器,如图3-160所示。

(24)使用19号套筒、棘轮扳手拆下副车架与转向器左边连接螺栓[安装力矩为(100±10)N·m],如图3-161所示。

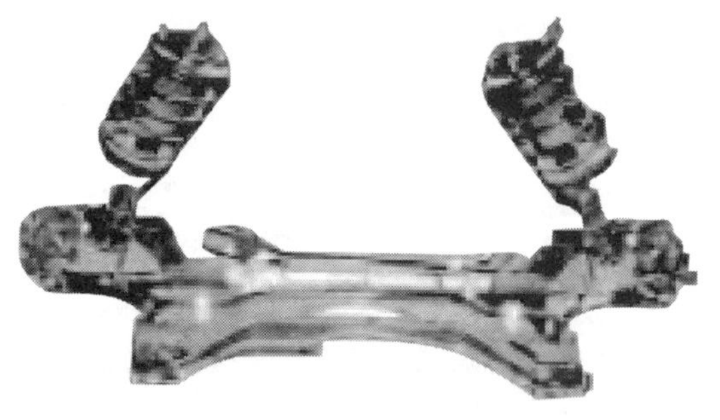

图3-160 取下前桥、悬挂和转向器

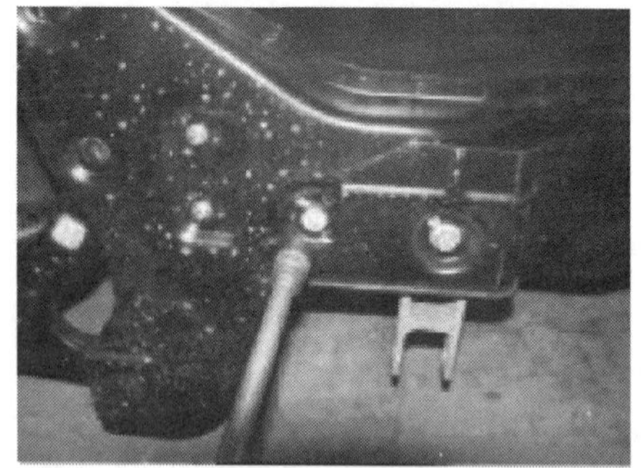

图3-161 扳手拆下副车架与转向器左边连接螺栓

(25)使用19号套筒、棘轮扳手拆下副车架与转向器右边连接螺栓[安装力矩为(100±10)N·m],如图3-162所示。

(26)取下转向器总成,如图3-163所示。

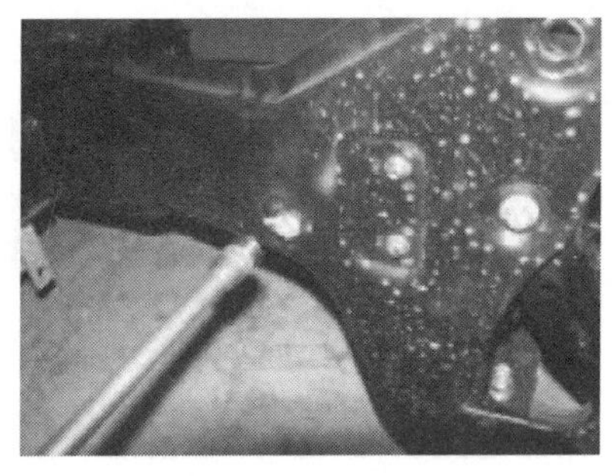

图 3-162　拆下副车架与转向器右边连接螺栓

图 3-163　取下转向器总成

2. 安装

安装顺序和拆卸顺序相反。

二、转向柱管的拆装

所需工具：梅花扳手一套，常用套筒一套，十字螺丝刀一把，塑料锤和铁锤各一把，拉马一个，卡簧钳一把，润滑脂。

1. 拆卸

(1)把车钥匙打到点火开关 LOCK 位置锁住转向盘。

(2)使用卡簧钳拆下转向盘左右两边的装饰盖，如图 3-164 所示。

(3) 使用内六花扳手拆下转向盘左右两边的螺栓，如图 3-165 所示。

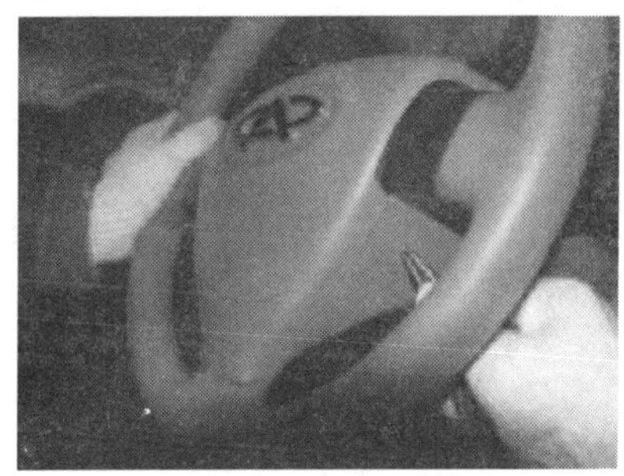

图 3-164　拆下转向盘左右两边的装饰盖

图 3-165　拆下转向盘左右两边的螺栓

(4)拆下安全气囊插件后，取下安全气囊和转向盘装饰盖，如图 3-166 所示。

(5)使用 22 号套筒、棘轮扳手拆下转向盘螺母[安装力矩为(35 ±5)N·m]，如图 3-167 所示。

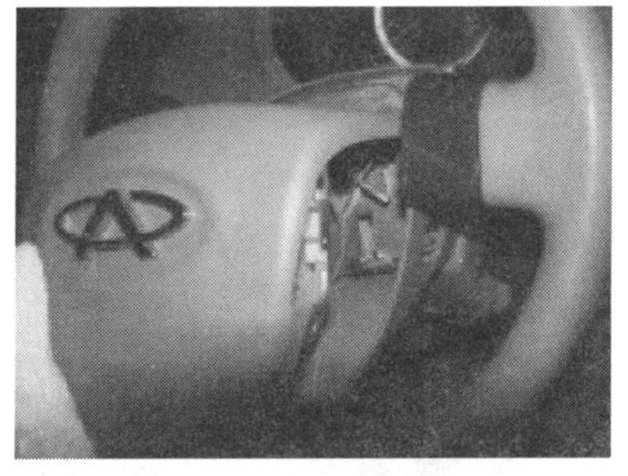

图 3-166　取下安全气囊和转向盘装饰盖

图 3-167　拆下方向盘螺母

(6)使用拆卸转向盘拉马专用工具拆卸转向盘，如图 3-168 所示。

(7)取下转向盘，如图 3-169 所示。

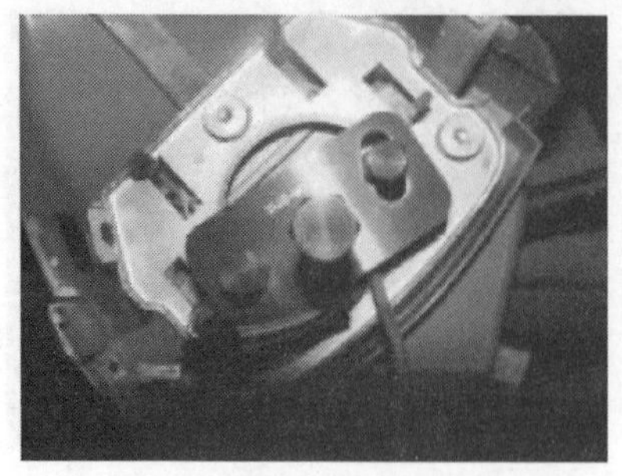

图 3-168　拆卸转向盘

图 3-169　取下转向盘

(8)使用十字螺丝刀拆下转向管柱装饰罩上的 4 颗螺钉,如图 3-170 所示。

(9)拆下螺钉后,取下转向管柱上下装饰罩,如图 3-171 所示。

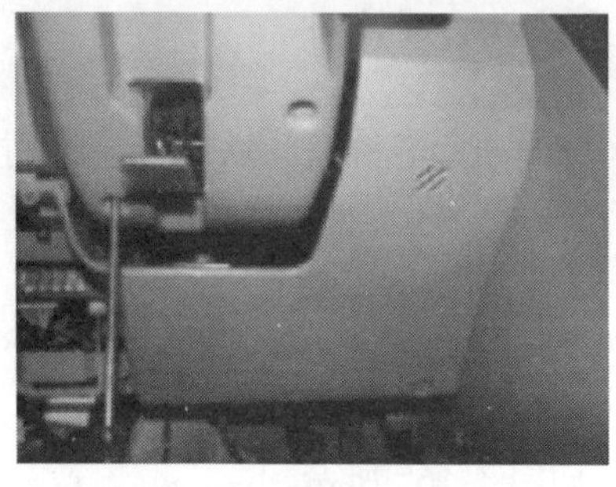

图 3-170　拆下转向管柱装饰罩上螺钉

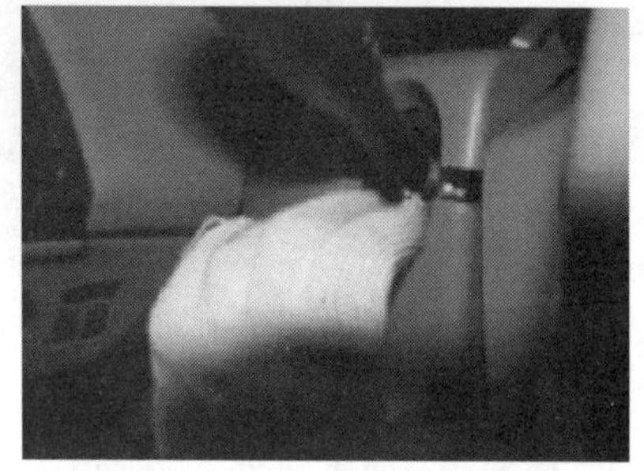

图 3-171　取下转向管柱上下装饰罩

(10)取下车钥匙、防盗线圈装饰罩,如图 3-172 所示。

(11)取下防盗线圈,如图 3-173 所示。

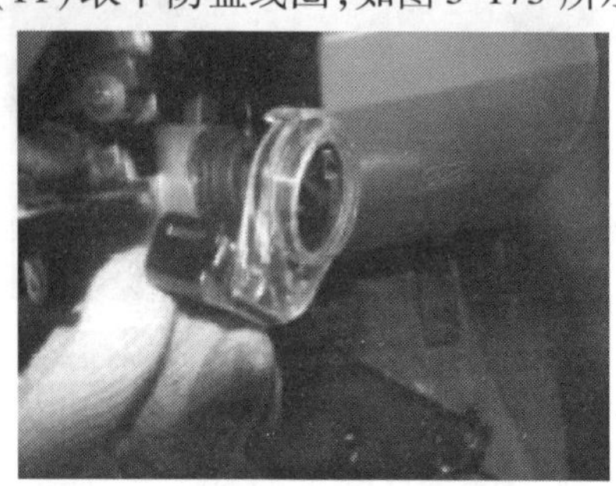

图 3-172　取下车钥匙、防盗线圈装饰罩

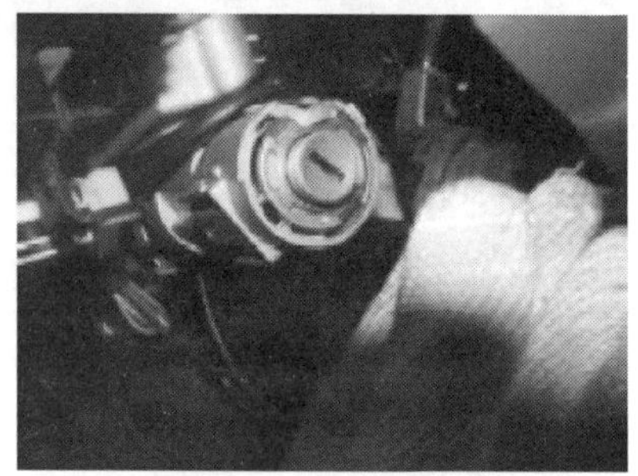

图 3-173　取下防盗线圈

(12)使用十字螺丝刀拆下组合开关上的四个螺钉,如图 3-174 所示。

(13)拔下组合开关上的刮水器插件,如图 3-175 所示。

图 3-174　拆下组合开关上的四个螺钉

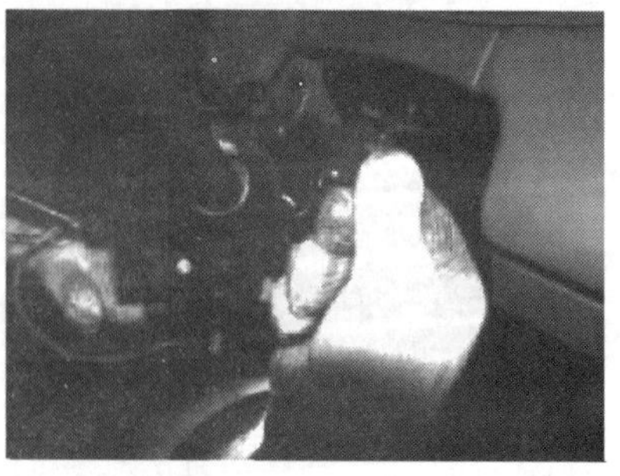

图 3-175　拔下组合开关上的刮水器插件

(14)拔下转向开关插件,如图3-176所示。

(15)按箭头方向拔下此插件,如图3-177所示。

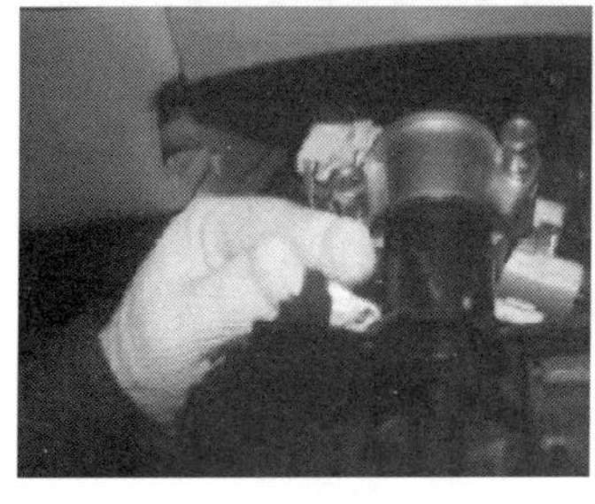

图3-176 拔下转向开关插件

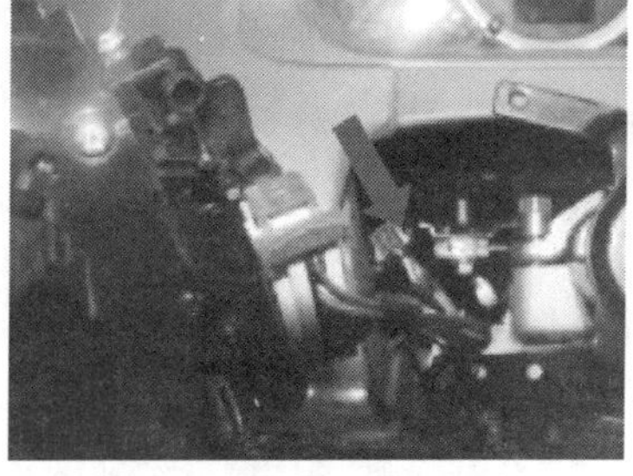

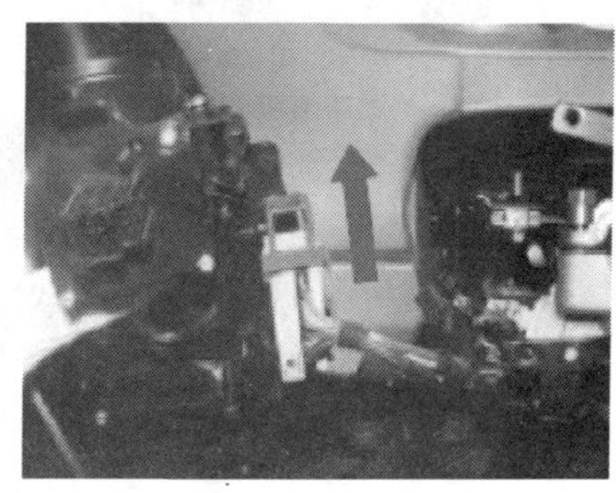

图3-177 按箭头方向拔下此插件

(16)取下组合开关,如图3-178所示。

(17)拔下点火开关插件,如图3-179所示。

图3-178 取下组合开关

图3-179 拔下点火开关插件

(18)拔下图中所示白色插件,如图3-180所示。

(19)拔下图中所示的插件,如图3-181所示。

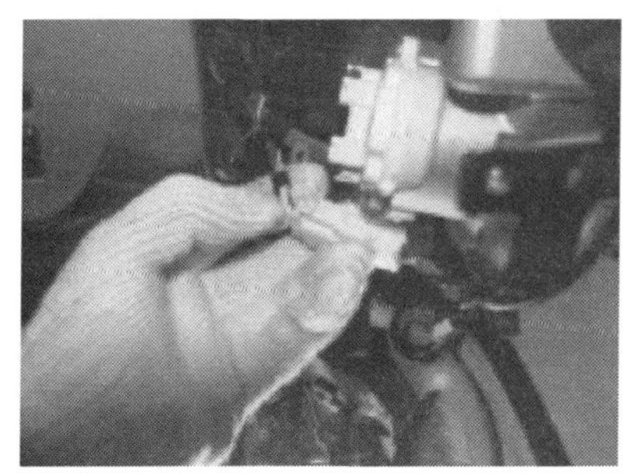

图3-180 拔下图中所示白色插件

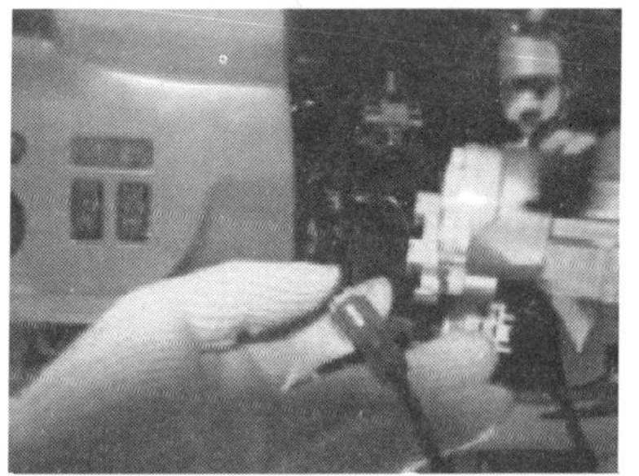

图3-181 拔下图中所示的插件

(20)使用13号扳手拆下点火开关在转向管柱上的两颗螺栓[安装力矩为(22±1)N·m],如图3-182所示。

(21)使用10号套筒、棘轮扳手拆下转向管柱与仪表台连接的螺栓[安装力矩为(25±3)N·m],如图3-183所示。

(22)使用10号套筒、棘轮扳手拆下转向万向节与转向器连接的螺栓[安装力矩为(30±3)N·m],然后取下转向柱管总成和转向万向节总成,如图3-184所示。

2. 安装

安装顺序和拆卸顺序相反。

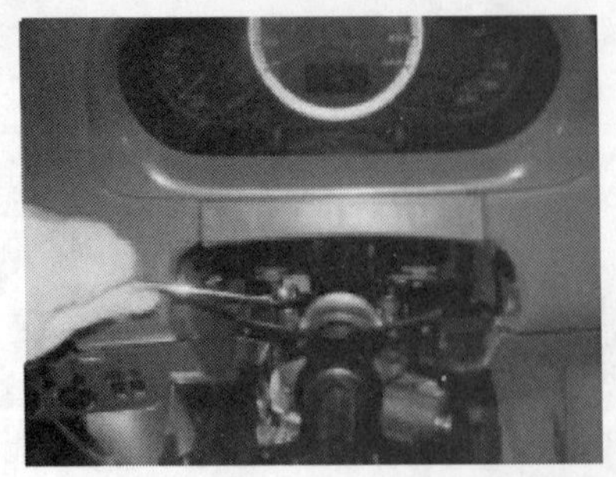

图 3-182　拆下点火开关在转向管柱上的螺栓

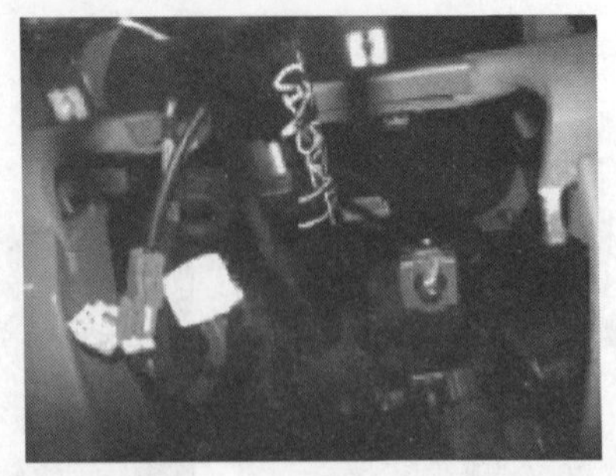

图 3-183　拆下转向管柱与仪表台连接的螺栓

图 3-184　拆下转向万向节与转向器连接的螺栓

项目四　奇瑞A3车型车身附件

Z 知识目标

1. 知道奇瑞A3车型车身附件的结构。
2. 知道奇瑞A3车型车身附件的拆装工艺。

N 能力目标

1. 能够完成奇瑞A3车型车身附件的拆装。
2. 能够正确使用拆装的工具、设备。

S 素质目标

1. 自我学习能力。
2. 团结协作能力。
3. 安全操作能力。

任务一　前照灯和雾灯的拆装

一、前照灯拆装

所需工具:10号套筒,7号开口扳手,一字螺丝刀,十字螺丝刀,棘轮扳手。

1. 拆卸

(1)先拆下前保险杠总成。

(2)用10号套筒松开照灯在前舱横梁上的两个固定螺栓[安装力矩为(8±1)N·m],如图4-1所示。

(3)用10号套筒松开照灯在空调冷凝器旁边的固定螺栓[安装力矩为(8±1)N·m],如图4-2所示。

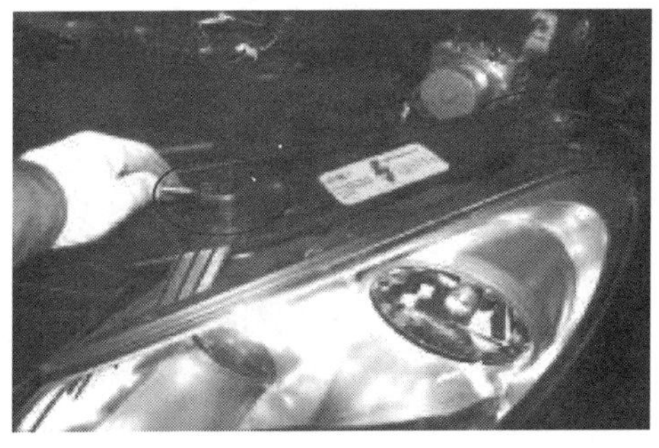

图4-1　拆卸前照灯在前舱横梁上的固定螺栓

图4-2　拆卸大灯在空调冷凝器旁边的螺栓

(4)用10号套筒松开照灯与翼子板的螺栓[安装力矩为(8±1)N·m],如图4-3所示。

(5)拔开照灯线束插头,取下照灯总成,如图4-4所示。

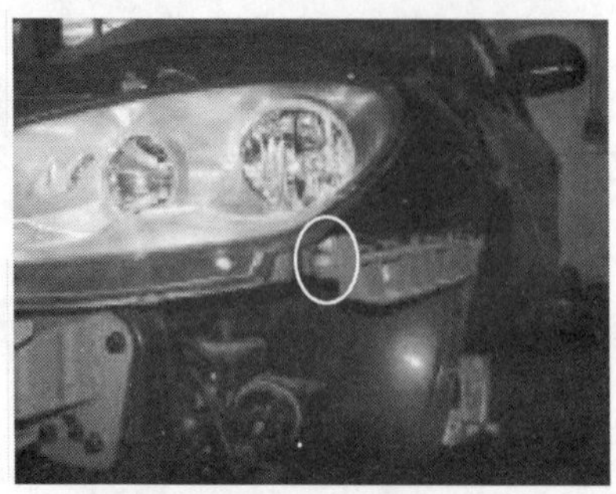
图4-3 拆卸大灯与翼子板的螺栓

图4-4 拔开线束插头,取下大灯总成

(6)用手拧开照灯远光灯灯座护盖,拔下灯泡线束插头,如图4-5所示。

(7)用手压下灯泡固定卡簧,将卡簧向上翻起,取出灯泡,如图4-6所示。

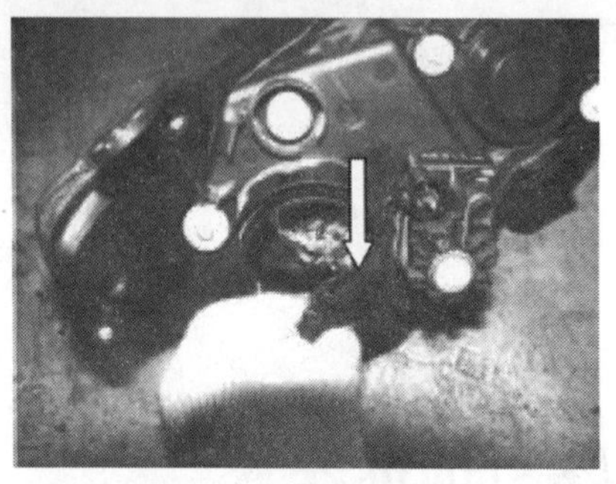
图4-5 拔下灯泡线束插头

图4-6 取出灯泡

2. 安装

安装顺序和拆卸顺序相反。

二、雾灯的拆装

所需工具:10号套筒,7号开口扳手,一字螺丝刀,十字螺丝刀,棘轮扳手。

1. 拆卸

(1)拆下保险杠总成。

(2)用十字螺丝刀拆下雾灯的3颗固定螺钉,取下雾灯总成,如图4-7所示。

(3)用手松开雾灯盖固定卡簧,打开雾灯盖,如图4-8所示。

图4-7 拆卸雾灯固定螺钉,取下雾灯总成

图4-8 打开雾灯盖

(4)松开雾灯灯泡卡簧,取出灯泡,如图 4-9 所示。

图 4-9　取出灯泡

2. 安装

安装顺序和拆卸顺序相反。

任务二　线束的拆装

一、电瓶线束拆装

所需工具:10 号套筒,7 号开口扳手,一字螺丝刀,十字螺丝刀,棘轮扳手。

1. 拆卸

(1)使用 10 号开口扳手拆下蓄电池负极线,如图 4-10 所示。

(2)用同样的方法拆下蓄电池正极线,如图 4-11 所示。

图 4-10　拆下蓄电池负极线

图 4-11　拆下蓄电池正极线

(3)拆下蓄电池托盘固定螺母,取下蓄电池,然后用 10 号开口扳手拆下负极线束搭铁,如图 4-12 所示。

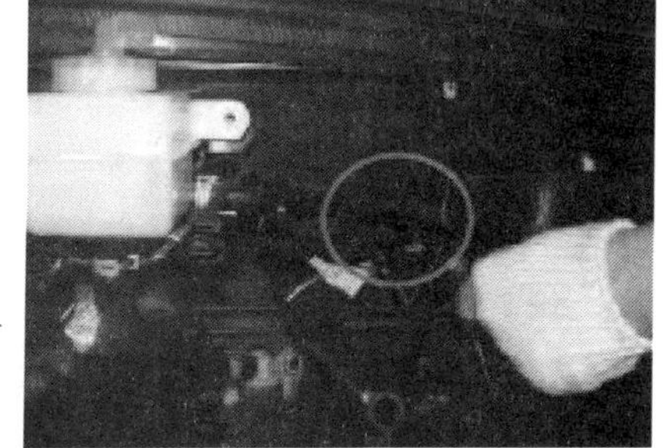

图 4-12　拆下蓄电池托盘固定螺母

2. 安装

安装顺序和拆卸顺序相反。

二、发动机电喷线束拆装

所需工具:10 号套筒,7 号开口扳手,一字螺丝刀,十字螺丝刀,棘轮扳手。

1. 拆卸

(1)拆下蒸发器。

(2)掀开蒸发器处的地毯,拆下 ECU 护盖螺栓,取下 ECU 护盖,如图 4-13 所示。

(3)取下 ECU,拔下 ECU 接口,如图 4-14 所示。

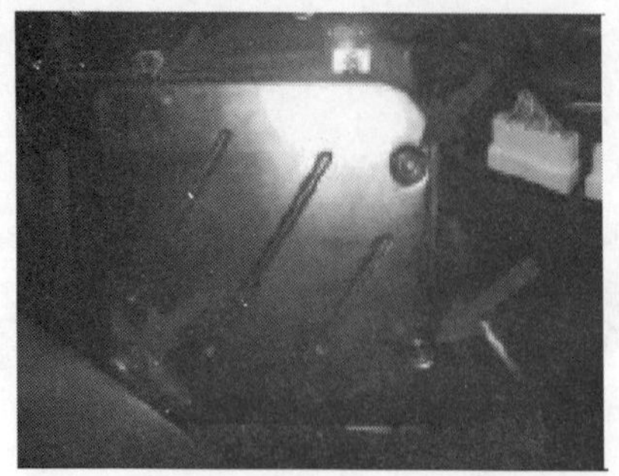

图 4-13　拆下 ECU 护盖螺栓

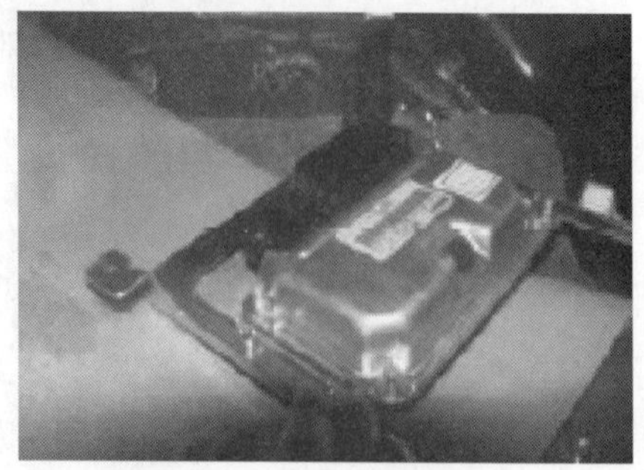

图 4-14　取下 ECU,拔下 ECU 接口

(4)拆下继电器盒处前舱线束插件,如图 4-15 所示。

(5)从气门室盖拔下凸轮轴位置传感器插件,如图 4-16 所示。

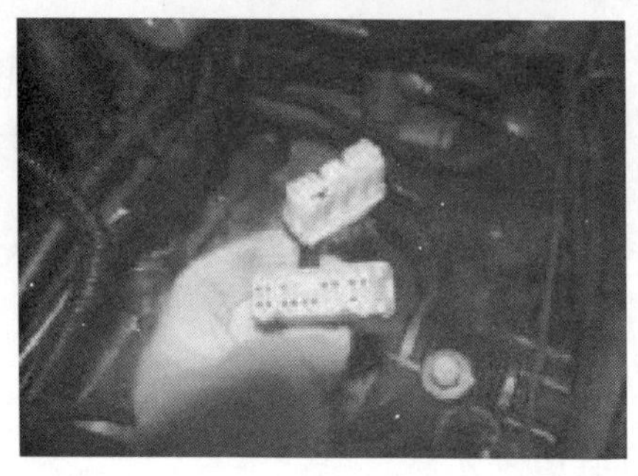

图 4-15　拆下继电器盒处前舱线束插件

图 4-16　拔下凸轮轴位置传感器插件

(6)在气门室盖一侧附近,拔下发动机水温传感器插件,如图 4-17 所示。

(7)在气门室盖一侧附近,拔下碳罐电磁阀插件,如图 4-18 所示。

图 4-17　拔下发动机水温传感器插件

图 4-18　拔下碳罐电磁阀插件

(8)在气门室盖一侧附近,拔下曲轴位置传感器插件,如图 4-19 所示。

(9)在气门室盖一侧附近,拔下点火线圈插件,如图 4-20 所示。

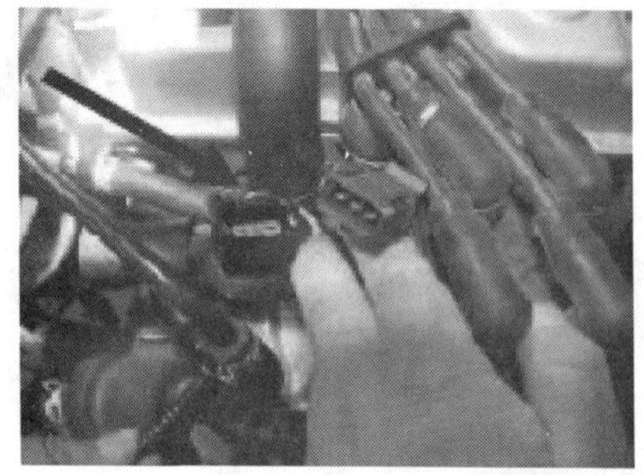

图 4-19　拔下曲轴位置传感器插件

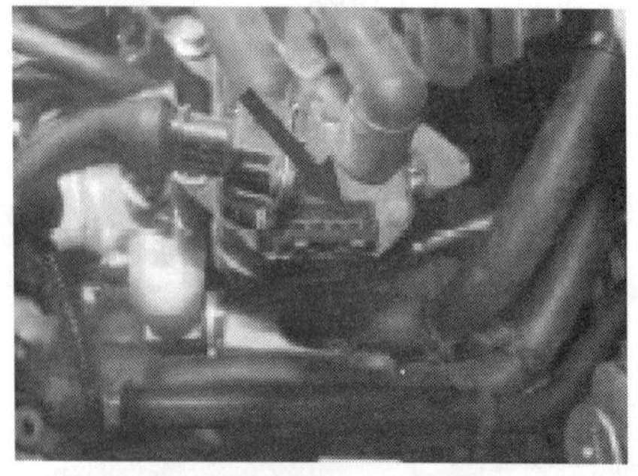

图 4-20　拔下点火线圈插件

(10)在气门室盖一侧附近,拆下搭铁线,如图4-21所示。

(11)拆下4个喷油嘴插件,如图4-22所示。

图4-21　拆下搭铁线

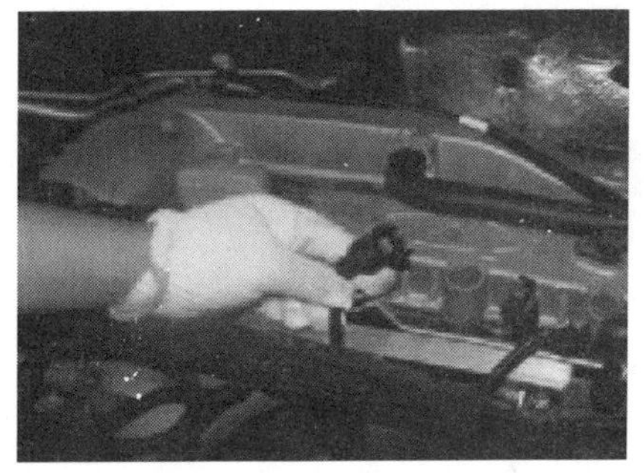

图4-22　拆下四个喷油嘴插件

(12)拆下空滤,拆下空气流量计插件,从节气门侧拔下节气门位置传感器插件,如图4-23所示。

(13)在节气门附近拔下起动机控制线束插件和机油压力传感器插件,如图4-24所示。

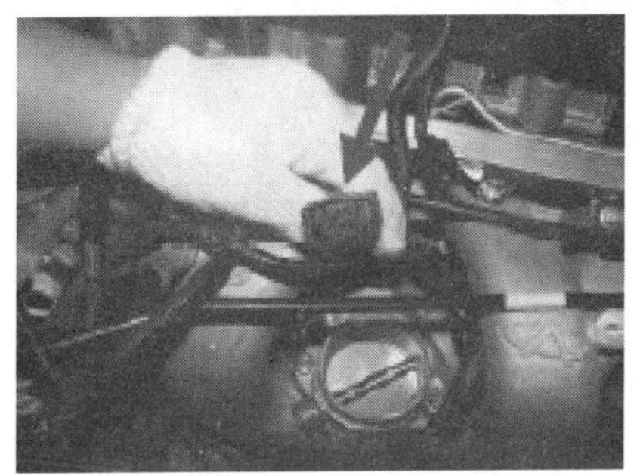

图4-23　拆下空气流量计插件

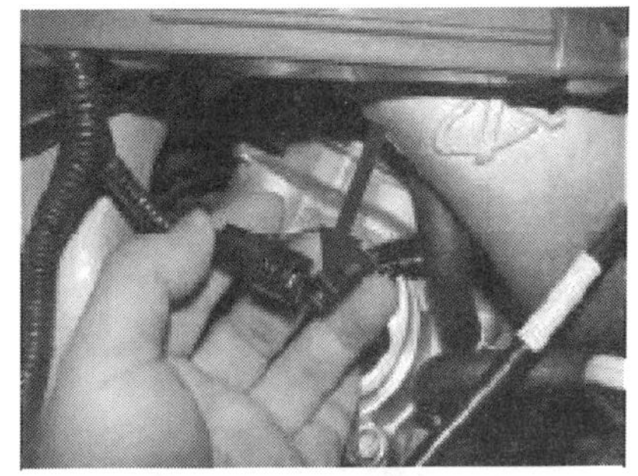

图4-24　拔下起动机控制线束插件

(14)拔下爆震传感器插件和转向助力插件,如图4-25所示。

(15)从变速器后侧拆下车速传感器,如图4-26所示。

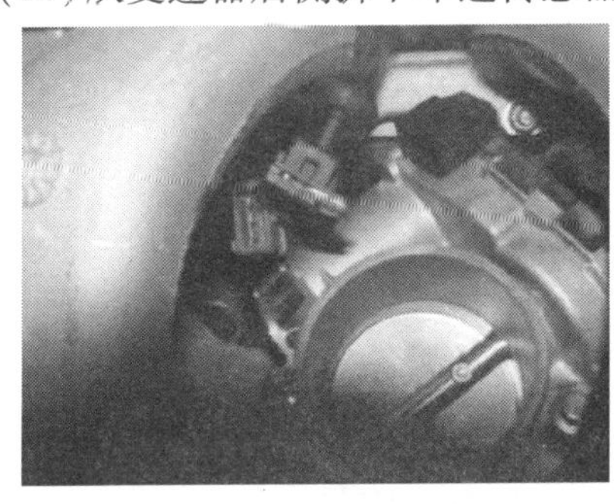

图4-25　拔下爆震传感器插件

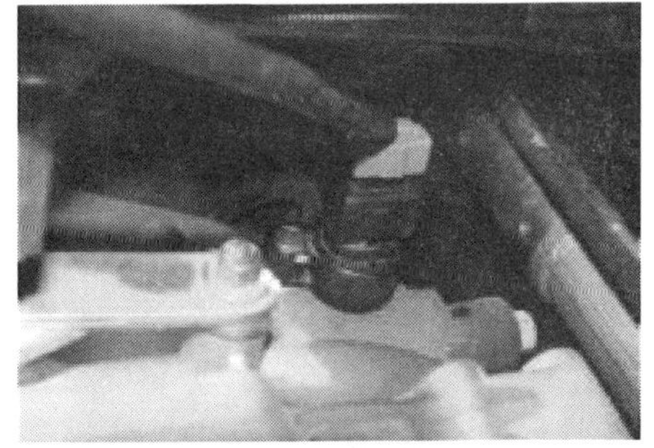

图4-26　拆下车速传感器

(16)从变速器前侧拆下倒车开关插件,如图4-27所示。

(17)拆下发电机插件,从压缩机处拆下压缩机离合器开关插件,如图4-28所示。

(18)拆下冷却液水壶插头,如图4-29所示。

(19)拆下空调高低压开关插件,如图4-30所示。

(20)拔下前、后氧传感器插件,如图4-31所示。

(21)使用斜嘴钳剪断固定发动机电喷线束上的扎带,然后取下发动机电喷线束。

2. 安装

安装顺序和拆卸顺序相反。

图 4-27　拆下倒车开关插件

图 4-28　拆下压缩机离合器开关插件

图 4-29　拆下冷却液水壶插头

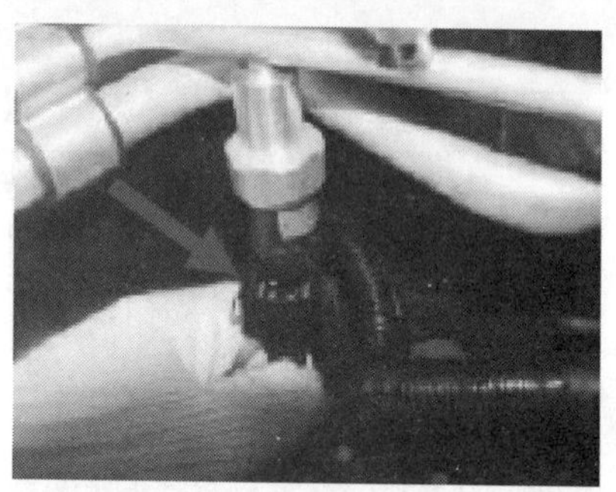

图 4-30　拆下空调高低压开关插件

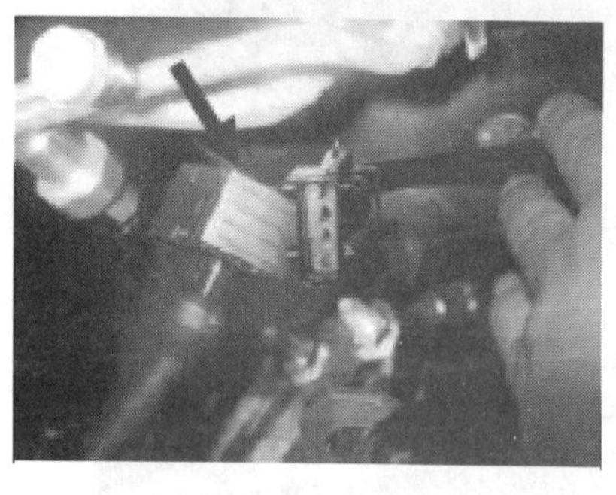

图 4-31 拔下前、后氧传感器插件

三、前舱线束拆装

所需工具:10 号套筒,7 号开口扳手,一字螺丝刀,十字螺丝刀,棘轮扳手。

1. 拆卸

(1)拆下前舱电器盒。

(2)拔下前舱线束与电器盒的连接插件,如图 4-32 所示。

(3)用 10 号套筒松开前舱线束搭铁,如图 4-33 所示。

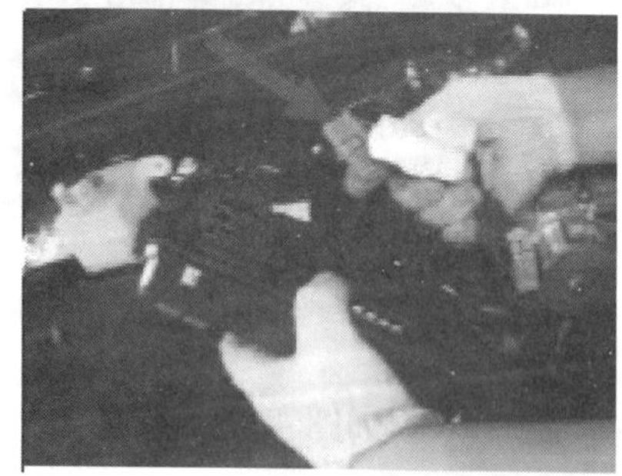

图 4-32　拔下连接插件

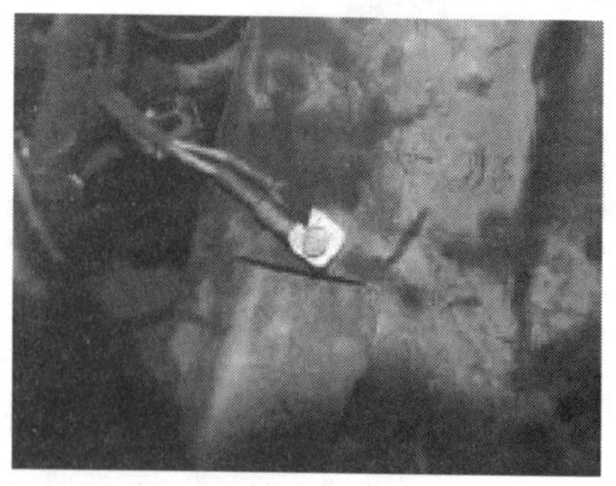

图 4-33　拆卸前舱线束搭铁

(4)拆下高低速风扇插件,如图 4-34 所示。

(5)拆下前保险杠。

(6)拔下高低音喇叭插件,如图4-35所示。

图4-34 拆下高低速风扇插件

图4-35 拔下高低音喇叭插件

(7)从前保险杠处拆下雾灯插件,如图4-36所示。

(8)卸下前照灯螺栓,如图4-37所示。

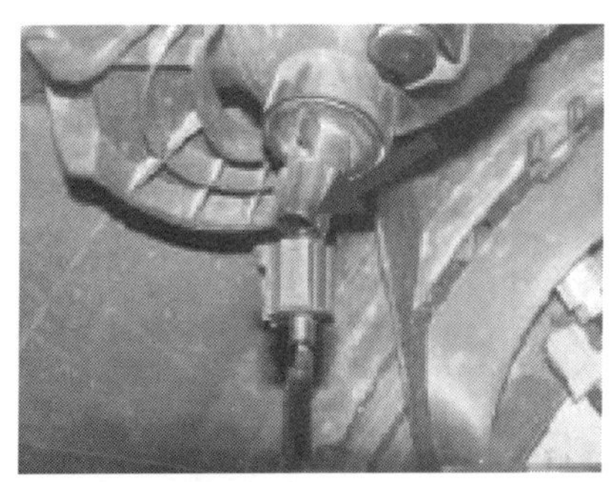

图4-36 拆下雾灯插件

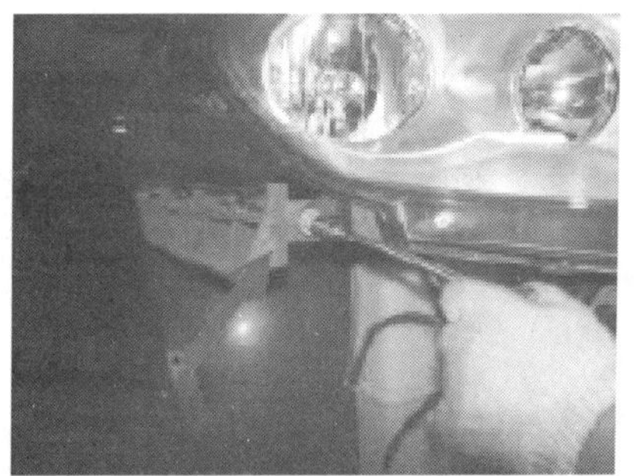

图4-37 拆卸下前照灯螺栓

(9)拔下前照灯插件、照灯调节电机插件,如图4-38所示。

(10)拔下室外温度传感器插件及引擎盖、接触开关插接器,如图4-39所示。

图4-38 拆卸前大灯插件

图4-39 拆卸室外温度传感器插件

(11)拆下前洗涤电机插件,如图4-40所示。

(12)拔下右前轮速传感器插件,如图4-41所示。

(13)拆下线束固定卡。

(14)取下前舱线束总成。

2. 安装

安装顺序和拆卸顺序相反。

图 4-40　拆下前洗涤电机插件

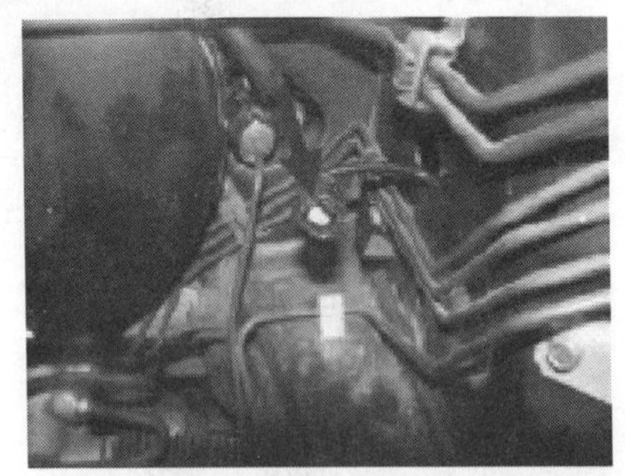

图 4-41　拆卸右前轮速传感器插件

四、仪表台线束拆装

所需工具:10 号套筒,7 号开口扳手,一字螺丝刀,十字螺丝刀,棘轮扳手。

1. 拆卸

(1)拆下仪表台,如图 4-42 所示。

(2)使用 10 号扳手拆下 CD 面板和仪表台横梁的固定螺栓,以及仪表台本体和仪表台横梁的固定螺栓[安装力矩为(8 ±1)N·m],如图 4-43 所示。

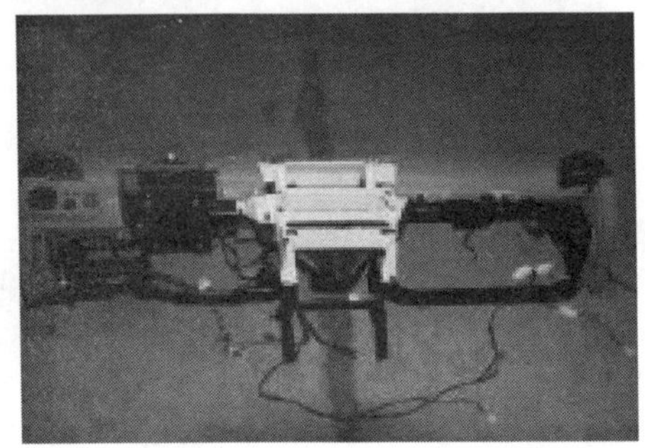

图 4-42　拆下仪表台

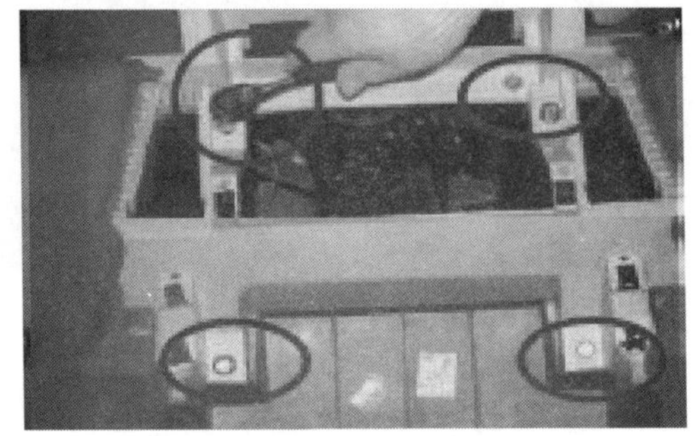

图 4-43　拆卸固定螺栓

(3)正面拆卸。使用 10 号扳手拆下 CD 面板与仪表台横梁正面的 6 颗固定螺栓和仪表台本体与仪表台横梁正面的 1 颗固定螺栓,如图 4-44 所示。

(4)反面拆卸。使用 10 号扳手拆下仪表台本体和仪表台横梁的固定螺栓[安装力矩为(9 ±1)N·m],如图 4-45 所示。

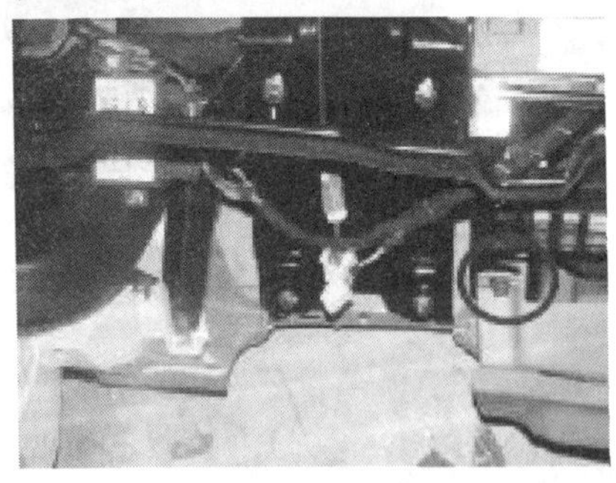

图 4-44　拆卸固定螺栓

图 4-45　拆卸仪表台横梁的固定螺栓

(5)使用 10 号扳手拆下仪表台与仪表台横梁左右两端的固定螺栓[安装力矩为(9 ±1)N·m],如图 4-46 所示。

(6)使用扳手拆下仪表台与仪表台横梁中间的固定螺栓,以及CD面板与仪表台横梁的固定螺栓。

(7)使用十字螺丝刀拆下熔断丝盒,如图4-47所示。

图4-46　拆下仪表台横梁固定螺栓

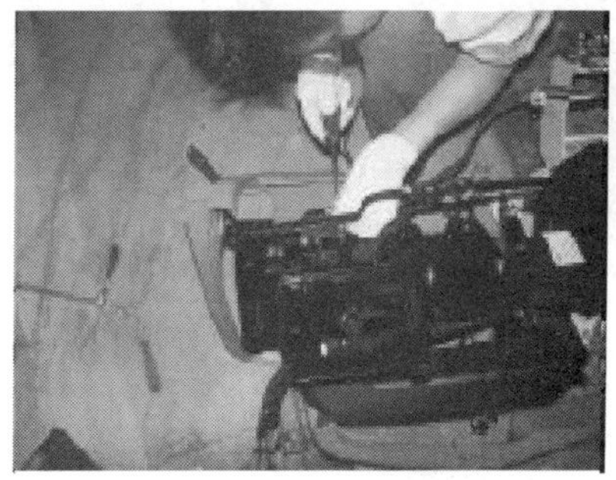

图4-47　拆下保险丝盒

(8)拆下诊断插口,如图4-48所示。

(9)拆下防盗控制模块,如图4-49所示。

图4-48　拆下诊断插口

图4-49　拆下防盗控制模块

(10)拆下空调通风口处的3颗固定螺钉,并取下端盖,如图4-50所示。

(11)使用10号扳手拆下仪表台与仪表台横梁两侧的四颗固定螺栓[安装力矩为(9±1)N·m],左右各2颗(以一侧为例),如图4-51所示。

图4-50　拆下空调通风口处固定螺钉

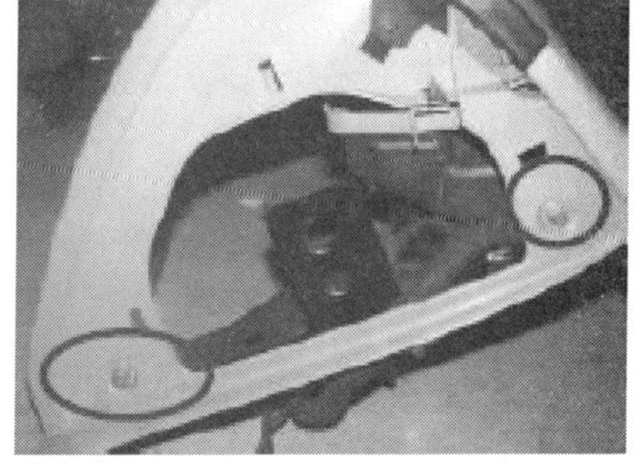

图4-51　拆下仪表台与仪表台横梁固定螺栓

(12)拔下灯光开关、夜光调节开关等,如图4-52所示。

(13)抬出仪表台横梁,如图4-53所示。

(14)将仪表台线束从仪表台横梁上拆下,如图4-54所示。

2.安装

安装顺序和拆卸顺序相反。

图 4-52　拆下灯光开关、夜光调节开关

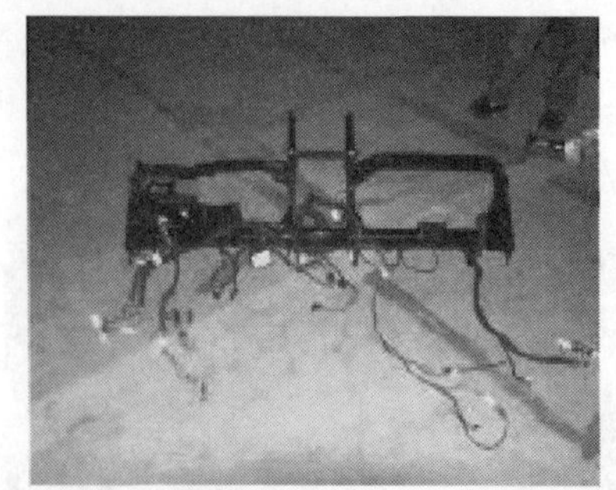

图 4-53　抬出仪表台横梁

五、顶棚线束拆装

所需工具:10 号套筒,7 号开口扳手,一字螺丝刀,十字螺丝刀,棘轮扳手。

1. 拆卸

(1)拆下顶棚。

(2)拔下前顶灯、左右化妆镜灯线束插件。如图 4-55 所示。

图 4-54　将仪表台线束从仪表台上拆下

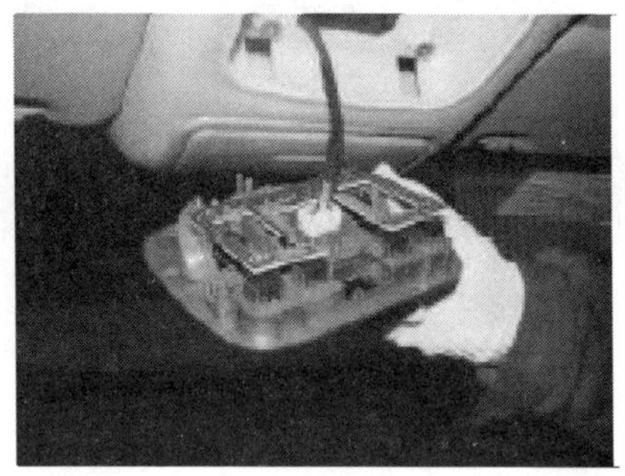

图 4-55　拔下前顶灯、左右化妆镜灯线束插件

(3)拔下顶棚线束与室内线束连接插件。如图 4-56 所示。

(4)撬开线束固定卡子,如图 4-57 所示。

图 4-56　拔下顶棚线束与室内线束连接插件

图 4-57　撬开线束固定卡子

(5)取下线束总成。

2. 安装

安装顺序和拆卸顺序相反。

六、行李舱线束拆装

所需工具:10 号套筒,7 号开口扳手,一字螺丝刀,十字螺丝刀,棘轮扳手。

1. 拆卸

(1)拆下行李舱盖护板,然后拔下行李舱接触开关线束插件,如图 4-58 所示。

(2)取下胶条,如图 4-59 所示。

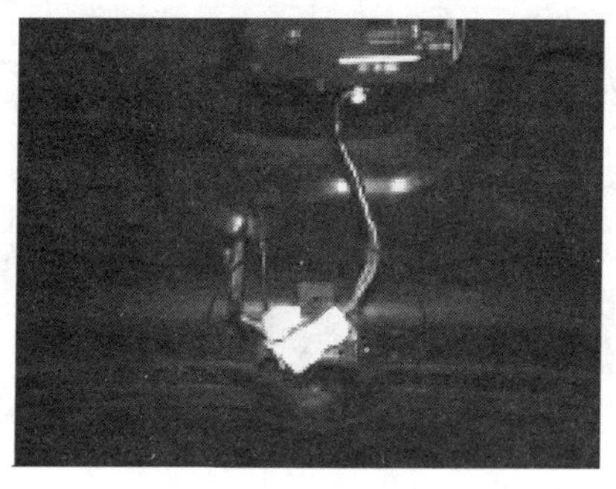

图 4-58 拔下行李舱接触开关线束插件

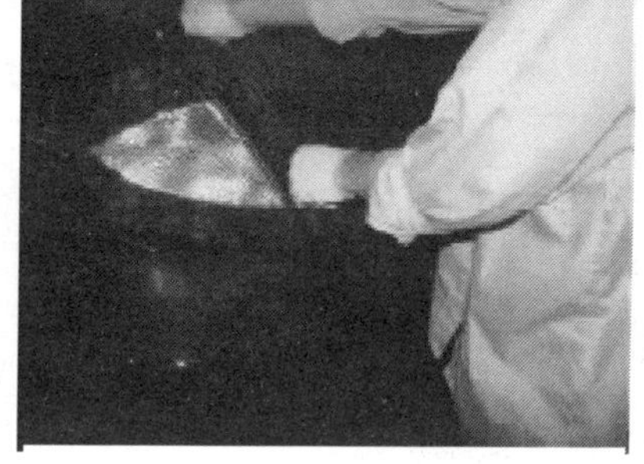

图 4-59 取下胶条

(3)取下后保险杠装饰护板,如图 4-60 所示。

(4)拨开左轮罩内护板,如图 4-61 所示。

图 4-60 取下后保险杠装饰护板

图 4-61 拨开左轮罩内护板

(5)拔下室内线束接口插件,如图 4-62 所示。

(6)撬开线束固定卡子,如图 4-63 所示。

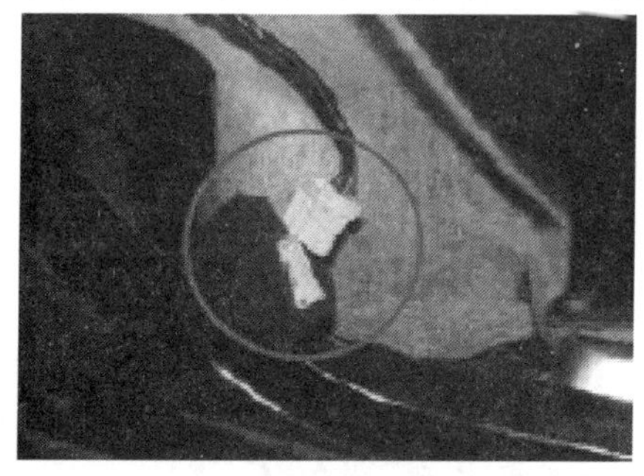

图 4-62 拔下室内线束接口插件

图 4-63 撬开线束固定卡子

(7)取下行李箱线束。

2. 安装

安装顺序和拆卸顺序相反。

七、室内地板线束的拆装

所需工具:10 号、13 号套筒,7 号开口扳手,一字螺丝刀,十字螺丝刀,棘轮扳手。

1. 拆卸

(1)拆下室内地板线束与前舱电器盒连接的各插头,如图 3-64 所示。

(2)拔下室内地板线束与前舱线束的连接插头,如图 4-65 所示。

图 4-64 拆下连接的各插头

图 4-65 拔下连接插头

(3)拆下蓄电池正极桩头与室内地板线束上的连接螺母 3 颗,如图 4-66 所示。

(4)拆下 ABS 插头线束,如图 4-67 所示。

图 4-66 拆下线束上的连接螺母

图 4-67 拆下 ABS 插头线束

(5)拆下室内地板线束在左前纵梁上的搭铁螺母,如图 4-68 所示。

(6)拆下蓄电池托盘,在其反面拆下防盗喇叭插头,如图 4-69 所示。

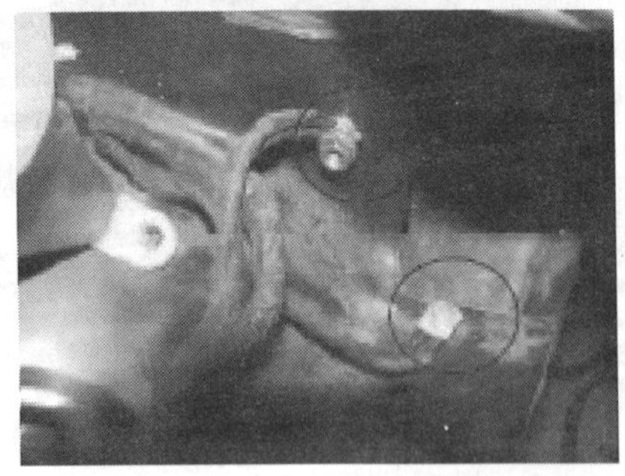

图 4-68 拆下搭铁螺母

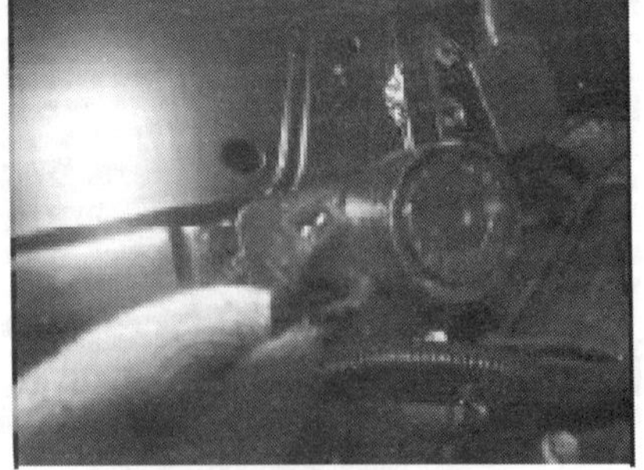

图 4-69 拆下防盗喇叭插头

(7)取下刮水器螺母护盖,如图 4-70 所示。

(8)使用 13 号套筒拆下刮水器固定螺母(安装力矩为 20 ± 2N·m),取下刮水器臂,如

图 4-71 所示。卸刮水器臂时,可轻微的晃动几次,这样会比较容易取下。

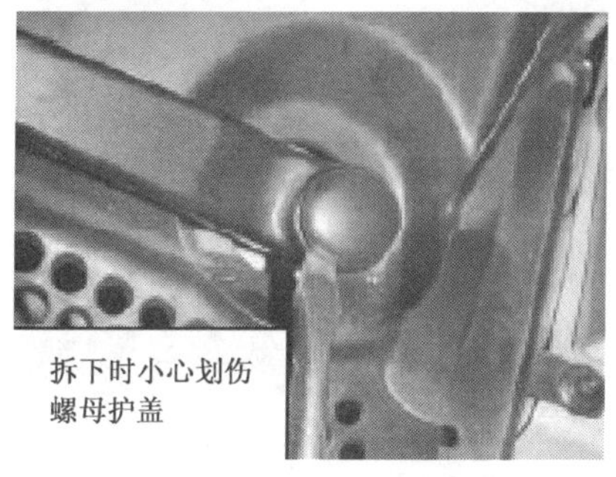

图 4-70　取下刮水器螺母护盖

图 4-71　拆下刮水器固定螺母

(9)用十字螺丝刀拆下固定螺钉,卸下前风挡下装饰罩,如图 4-72 所示。

(10)拔下刮水器插头,如图 4-73 所示。

图 4-72　拆下固定螺钉

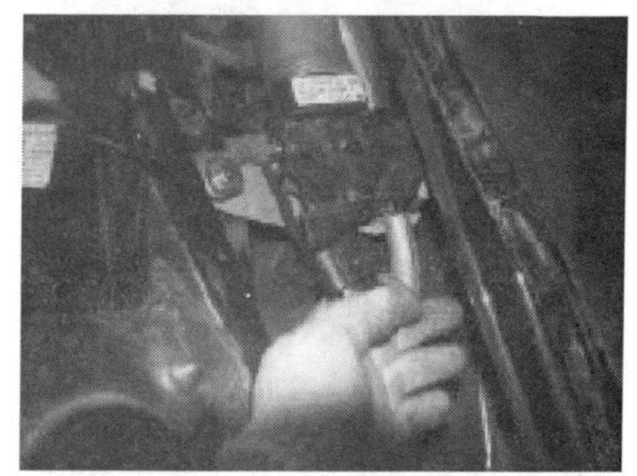

图 4-73　拔下刮水器插头

(11)拔下制动液位传感器插头,如图 4-74 所示。

(12)拔下室内地板线束在前围上的连接套,并把在前舱内的线束塞进驾驶室内,如图 4-75 所示。

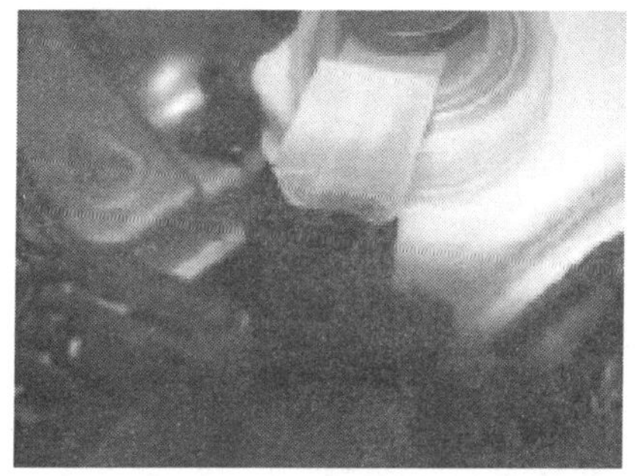

图 4-74　拔下制动液位传感器插头

图 4-75　拔下连接套

(13)拔下离合器踏板处室内地板线束与仪表线束连接的插接器,如图 4-76 所示。

(14)拔下前 BCM 与室内地板线束上的连接插头。如图 4-77 所示。

(15)拆下前舱减振垫。

(16)拆下顶棚。

(17)拆下驾驶员安全带开关,及左前座椅加热电动调节装置线束。如图 4-78 所示。

(18)拔下室内地板线束与顶棚线束插头,如图 4-79 所示。

(19)拆下室内地板线束与左前门线束插头,如图 4-80 所示。

图 4-76　拔下插接器

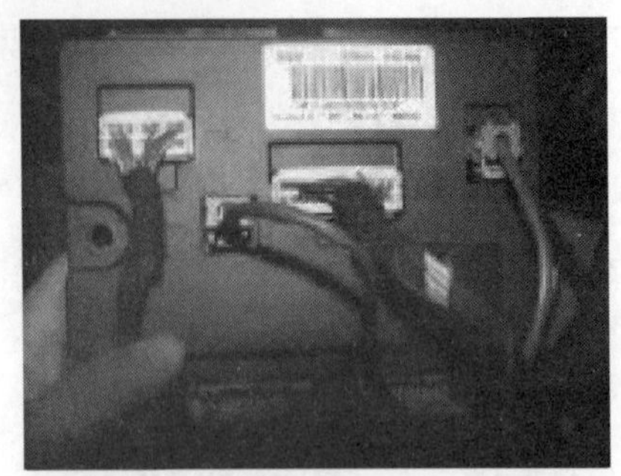

图 4-77　拔下连接插头

图 4-78　拆下线束

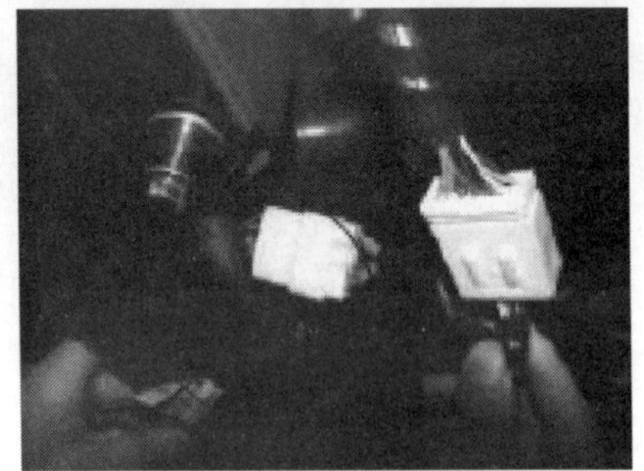

图 4-79　拔下线束插头

(20)拆下线束卡子,如图 4-81 所示。

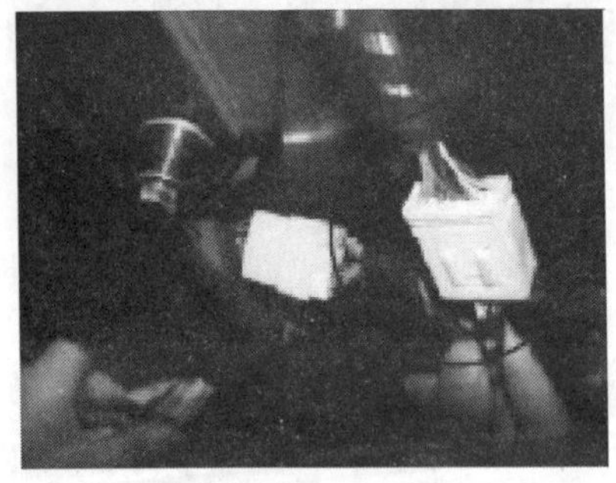

图 4-80　拆下线束插头

图 4-81　拆下线束卡子

(21)拔下左 B 柱内的线束插头。拆下在左 B 柱下面的搭铁线螺母[安装力矩为(8 ±1)N·m],取出搭铁线,如图 4-82 所示。

(22)拆下行李舱灯、高位制动灯插件,如图 4-83 所示。

图 4-82　拆下搭铁线螺母

图 4-83　拆下插件

(23)拆下左侧后风挡加热线束,如图 4-84 所示。

(24)拆下搭铁[安装力矩为(8 ±1)N·m],如图 4-85 所示。

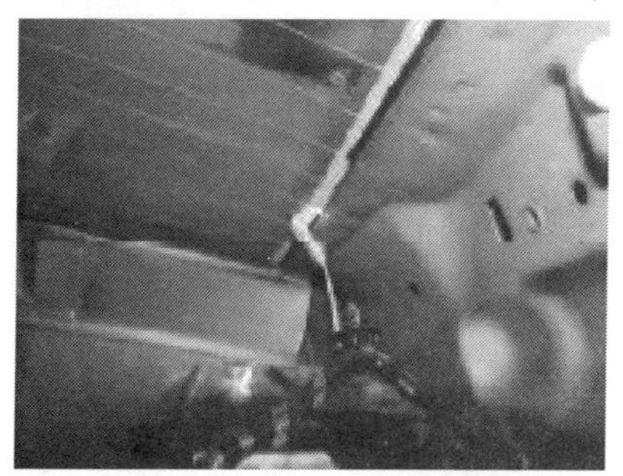
图 4-84　拆下左侧后风挡加热线束

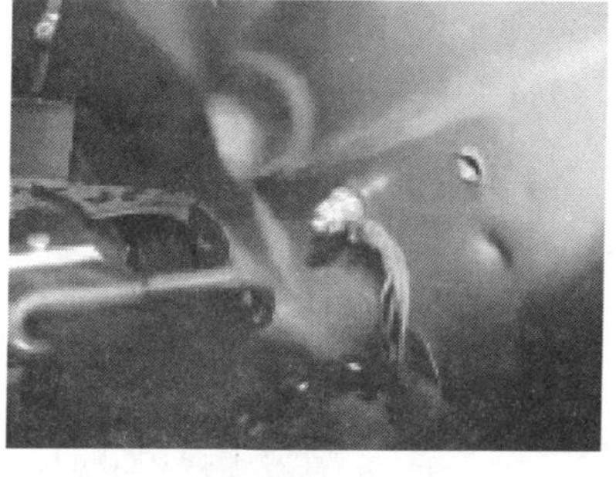
图 4-85　拆下搭铁

(25)拆天线插头,如图 4-86 所示。

(26)取下燃油泵盖板上的橡胶护套,然后拿下盖板,如图 4-87 所示。

图 4-86　拆天线插头

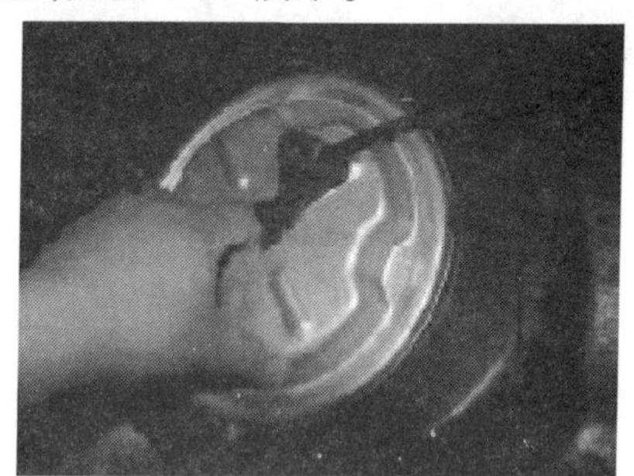
图 4-87　取下橡胶护套

(27)拆下油泵及左、右后 ABS 插头,如图 4-88 所示。

(28)打开行李舱,拆下右后 BCM 上插件,如图 4-89 所示。

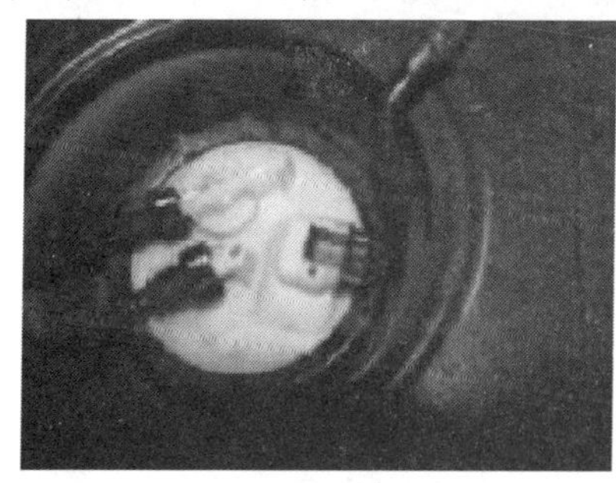
图 4-88　拆下油泵插头

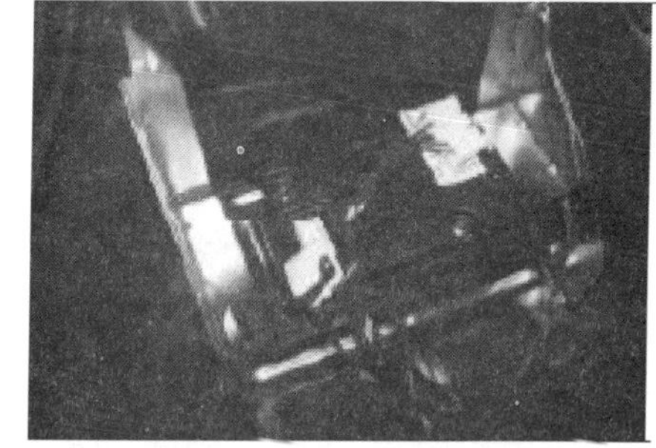
图 4-89　拆下右后 BCM 上插件

(29)拆下后挡风玻璃右侧除霜插头,如图 4-90 所示。

(30)拔下右侧阅读灯,如图 4-91 所示。

图 4-90　拆下后挡风玻璃除霜插头

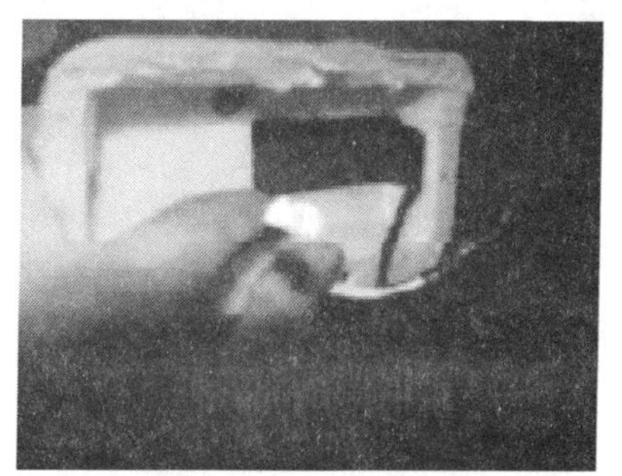
图 4-91　拔下右侧阅读灯

(31)拆下左C柱搭铁螺母,如图4-92所示。

(32)拔下室内地板线束与右后门线束连接的插接器,如图4-93所示。

(33)拆下右B柱上的搭铁线,如图4-94所示。

(34)拔下车身与行李舱插头,如图4-95所示。

(35)拆下后保险杠。

(36)拆下左侧尾灯插头,如图4-96所示。

(37)拆下左尾灯处搭铁[安装力矩为(8±1)N·m],如图4-97所示。

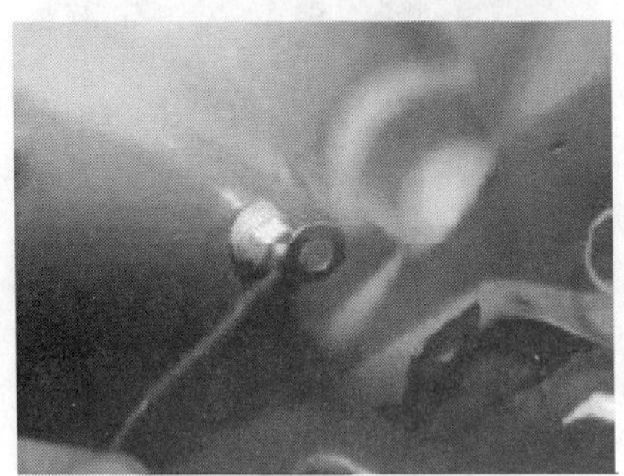

图4-92　拆下左C柱搭铁螺母

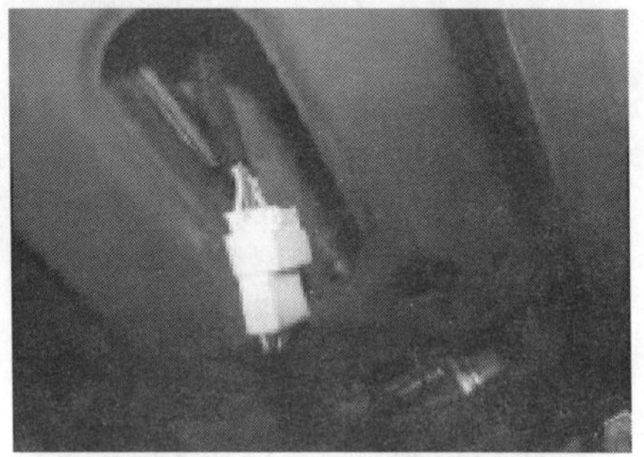

图4-93　拔下插接器

图4-94　拆下右B柱上的搭铁线

图4-95　拔下车身与行李舱插头

图4-96　拆下左侧尾灯插头

图4-97　拆下左尾灯处搭铁

(38)拔下右尾灯插头及搭铁,如图4-98所示。

(39)拆下右A柱处室内地板线束与仪表线束、右前门线束连接的插接器下插头,如图4-99所示。

2. 安装

安装顺序和拆卸顺序相反。

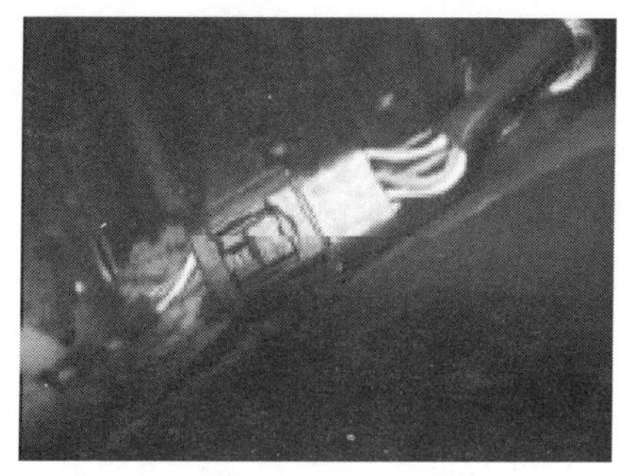
图 4-98　拔下右尾灯插头及搭铁

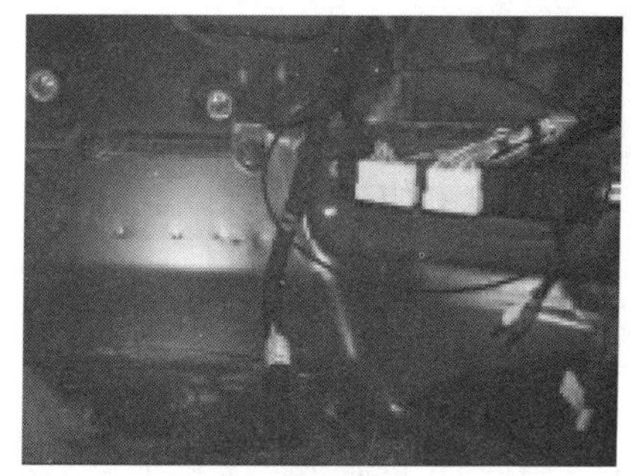
图 4-99　拆下插接器插头

任务三　仪表台的拆装

一、仪表台附件的拆装

所需工具:一字螺丝刀,十字螺丝刀。

1. 拆卸

(1)拆下副仪表台及附件。

(2)用手将副仪表装饰盖掀起,如图 4-100 所示。

(3)使用十字螺丝刀拆下中控面板与仪表台本体上部固定螺钉,如图 4-101 所示。

图 4-100　用手将副仪表装饰盖掀起

图 4-101　拆下固定螺钉

(4)使用十字螺丝刀拆下杯托与仪表台本体固定螺钉,如图 4-102 所示。

(5)拔下双跳开关、后盖开启开关、空调控制器控制开关插件等,取下中控面板,如图 4-103 所示。

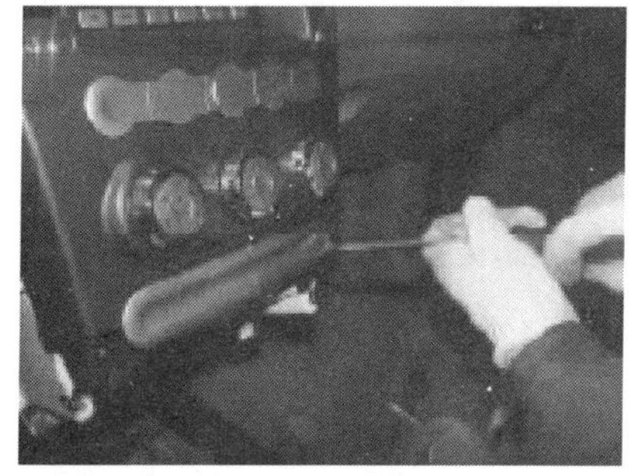
图 4-102　拆下固定螺钉

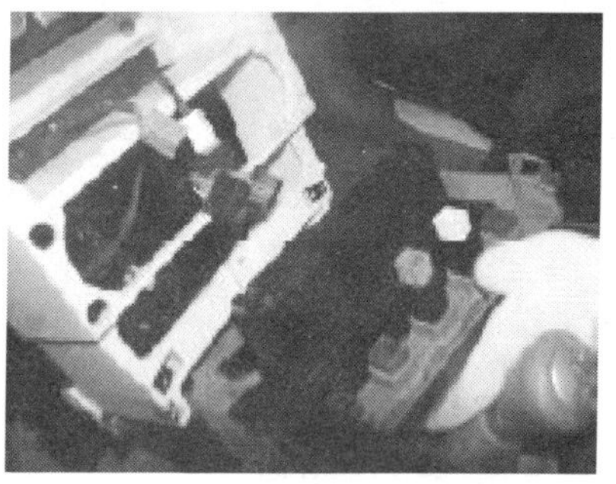
图 4-103　开关插件

2. 安装

安装顺序和拆卸顺序相反。

二、音响主机的拆装

所需工具:10 号套筒,一字螺丝刀。

1. 拆卸

(1)拆下中控面板。

(2)使用 10 号套筒扳手拆下 CD 机上固定螺栓[安装力矩为(8 ±1)N·m],如图 4-104 所示。

(3)拔下 CD 机后面插件和天线,取下 CD 机,如图 4-105 所示。

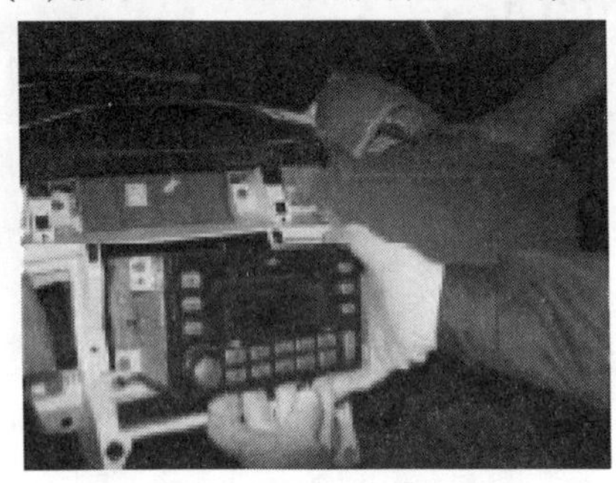

图 4-104　拆下 CD 机上固定螺栓

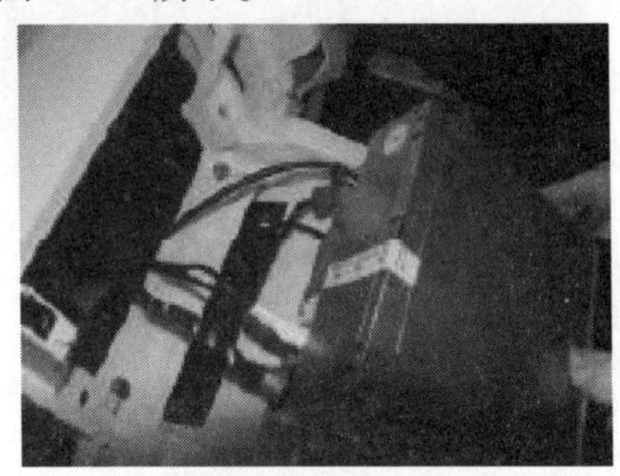

图 4-105　拆下 CD 机上固定螺栓插件

2. 安装

安装顺序和拆卸顺序相反。

三、副仪表的拆装

所需工具:十字螺丝刀。

1. 拆卸

(1)使用十字螺丝刀拆下副仪表面板螺钉,如图 4-106 所示。

(2)掀起副仪表面板,拔下副仪表和阳光传感器插件并取下副仪表,如图 4-107 所示。

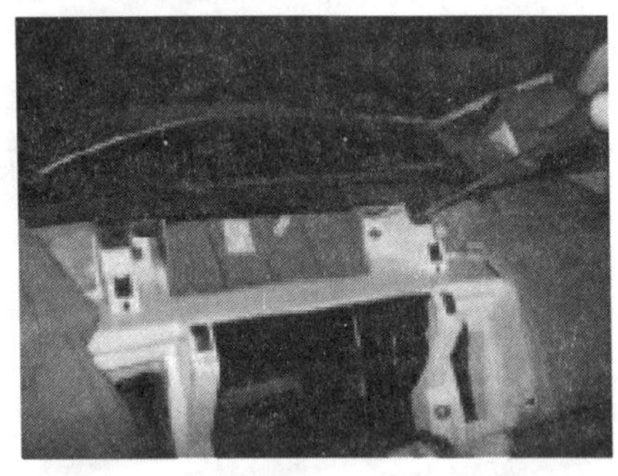

图 4-106　拆下副仪表面板螺钉

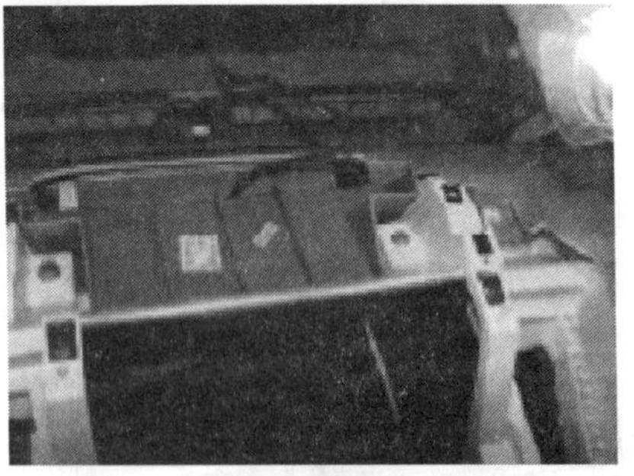

图 4-107　拔下插件并取下副仪表

2. 安装

安装顺序和拆卸顺序相反。

四、手套箱的拆装

所需工具:十字螺丝刀。

图 4-108　拆下连接螺钉

1. 拆卸

(1)使用十字螺丝刀拆下手套箱与仪表台上部连接螺钉,如图 4-108 所示。

(2)使用十字螺丝刀拆下手套箱与仪表台下部连接螺钉,如图 4-109 所示。

(3)拔下手套箱灯线束插件,取下手套箱,如图 4-110 所示。

2. 安装

安装顺序和拆卸顺序相反。

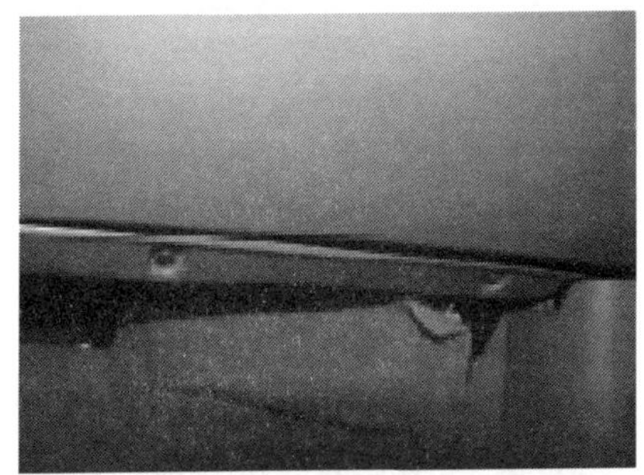

图 4-109　拆下连接螺钉

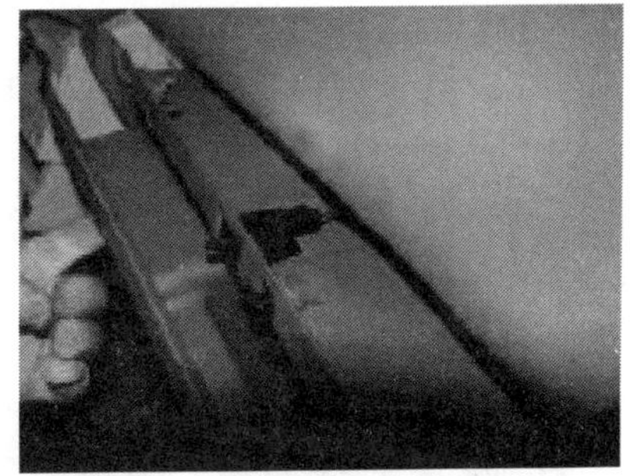

图 4-110　拔下手套箱灯线束插件

五、组合仪表拆装

所需工具:十字螺丝刀。

1. 拆卸

(1)使用十字螺丝刀拆下组合开关装饰罩。

(2)使用十字螺丝刀拆下组合仪表装饰板螺钉,取出组合仪表装饰盖,如图 4-111 所示。

(3)用十字螺丝刀拆下组合仪表与仪表台固定螺钉,如图 4-112 所示。

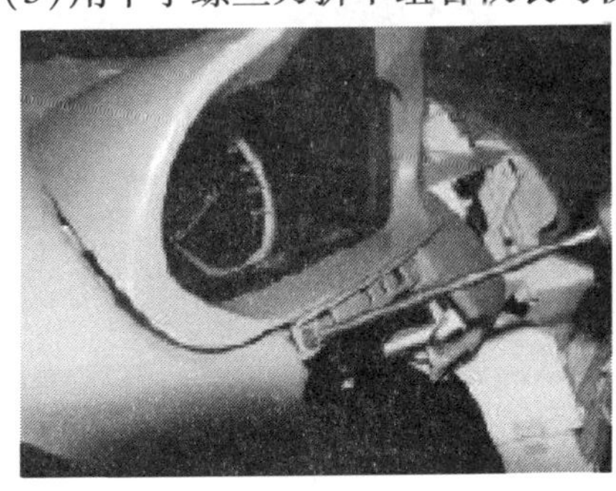

图 4-111　拆下组合仪表装饰板螺钉

图 4-112　拆下固定螺钉

(4)拔下组合仪表线束插件,取出组合仪表,如图 4-113 所示。

2. 安装

安装顺序和拆卸顺序相反。

六、仪表台总成的拆卸

所需工具:10 号套筒,7 号开口扳手,一字螺丝刀,十字螺丝刀。

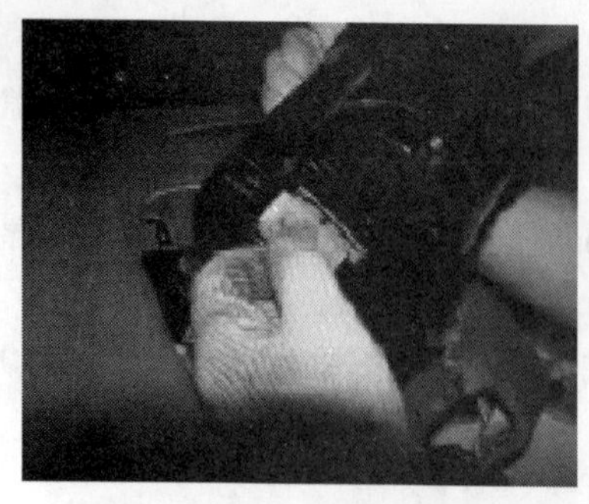

图 4-113　拔下组合仪表线束插件

1. 拆卸

(1)拆下转向管柱总成。

(2)拆下手套箱。

(3)拆下扶手箱和副仪表台。

(4)拆下中控面板。

(5)拆下 CD 机。

(6)拆下组合仪表。

(7)拆下 A 柱上护板,如图 4-114 所示。

(8)拆下 A 柱下护板,如图 4-115 所示。

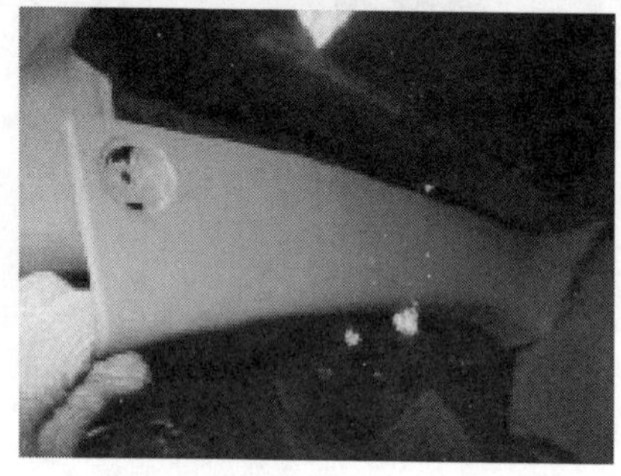

图 4-114　拆下 A 柱上护板

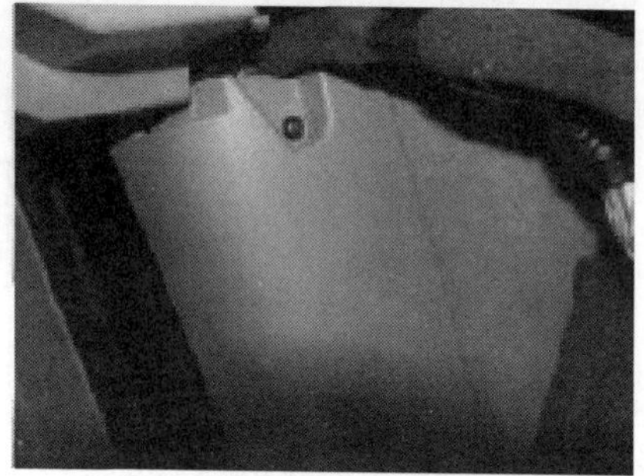

图 4-115　拆下 A 柱下护板

(9)拆下仪表线束与室内地板线束、左右前门线束、前舱线束、发动机电喷线束等线束连接的插件。

(10)用一字螺丝刀拆下仪表台两侧装饰盖,如图 4-116 所示。

(11)使用 10 号套筒拆下仪表台横梁两侧连接车身螺栓[安装力矩为(11 ±1)N·m],如图 4-117 所示。

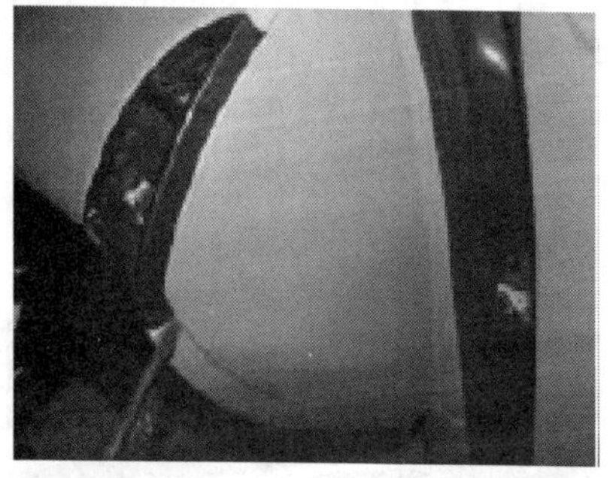

图 4-116　拆下仪表台两侧装饰盖

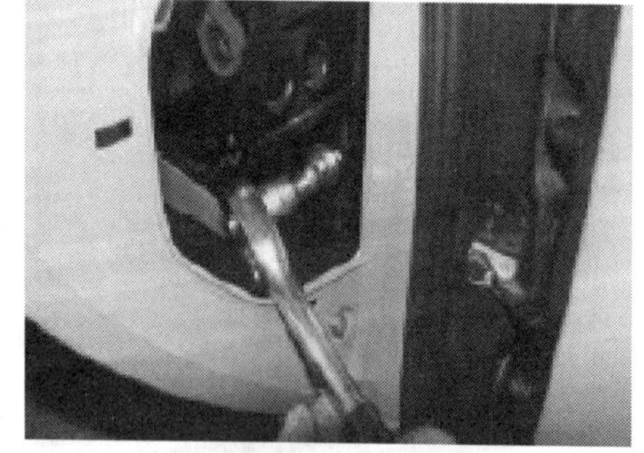

图 4-117　拆下连接车身螺栓

(12)使用 10 号套筒拆下仪表台横梁中部支架连接车身螺栓[安装力矩为(11 ±1)N·m],如图 4-118 所示。

(13)使用 10 号套筒拆下仪表线束搭铁螺母[安装力矩为(8 ±1)N·m],然后取出搭铁线,如图 4-119 所示。

(14)使用 10 号套筒拆下仪表线束搭铁螺母,然后取出搭铁线[安装力矩为(8 ±1)N·m],如图 4-120 所示。

(15)取下仪表台总成,如图 4-121 所示。

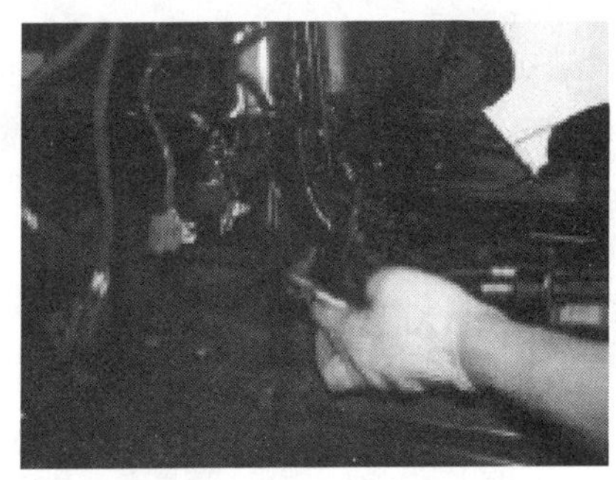

图 4-118　拆下连接车身螺栓

图 4-119　拆下仪表线束搭铁螺母

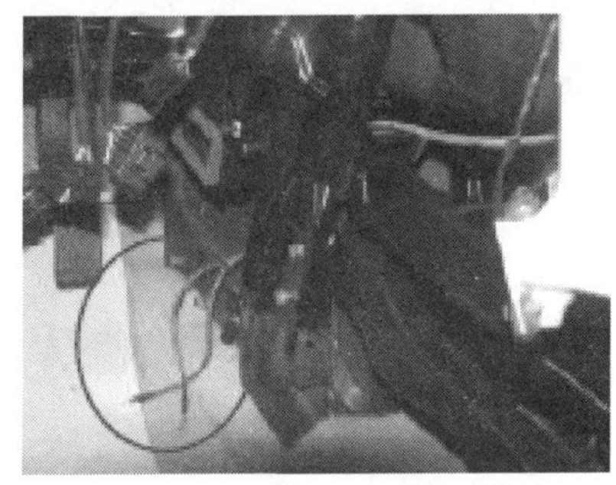

图 4-120　拆下仪表线束搭铁螺母

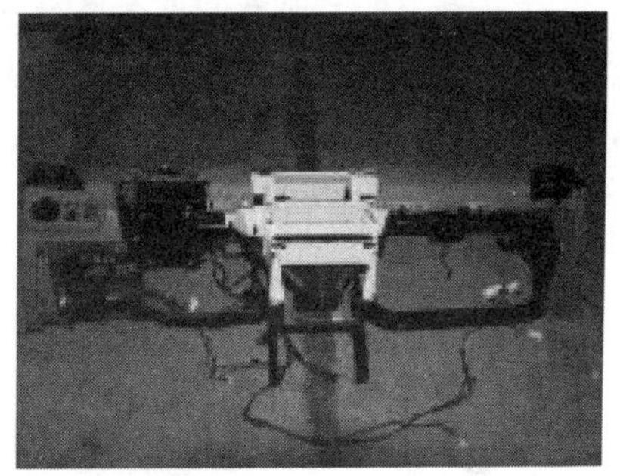

图 4-121　取下仪表台总成

2. 安装

安装顺序和拆卸顺序相反。

3. 注意事项

(1)仪表台双风口与空调出风口接口应吻合,不允许有安装不到位、漏风现象,不允许仪表台风道与仪表台横梁、蒸发器等件有干涉而影响仪表板安装,进而导致仪表台及其附件安装不到位现象。

(2)仪表台与前挡风玻璃不应发生干涉和影响其安装,与前挡风玻璃间隙均匀。

(3)仪表台与车身两侧的间隙均匀一致且能满足门洞密封条的装配。

(4)手套箱开关应轻松灵活,无干涉、卡滞或锁不紧现象。

(5)中央出风口通道盖板安装应牢固可靠,和副仪表台本体、扶手箱两侧配合间隙小于 0.5mm,且间隙均匀。

(6)副仪表台前端、中部,扶手箱后部,中央出风口盖板中间及后部的固定螺钉的安装力矩为(2 ±0.5)N·m。

项目五　奇瑞 A3 车型车身电气系统

Z 知识目标

1. 知道奇瑞 A3 车型车身电气系统基本信息。
2. 知道奇瑞 A3 车型车身电气系统各部件位置与功能。
3. 知道奇瑞 A3 车型车身电气系统的典型故障案例。

N 能力目标

1. 能够掌握 A3 车型电路图的识读方法。
2. 能够完成 A3 车型车身电气系统各部件的诊断与维修。
3. 能够独立完成奇瑞 A3 车型车身电气系统典型故障案例的分析。
4. 能够正确使用拆装与检修的工具、设备。

S 素质目标

1. 自我学习能力。
2. 交流沟通能力。
3. 团结协作能力。
4. 安全操作能力。

任务一　电路图说明

一、电路原理图中主要符号说明(表 5-1)

电路原理图中主要符号　　表 5-1

符　号	含　义	符　号	含　义
	线路连接		电动机
	插接件		灯泡
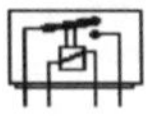	继电器		开关控制
	屏蔽线		电阻元件
	屏蔽线	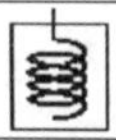	电磁线圈
	搭铁		发光二极管

二、电源及搭铁线说明

BAT:来自蓄电池正极端(不经过任何熔断丝)的电源供给线。

IGN1:由点火开关的2号针脚直接输出的电源供给线。

KL30:经过正极熔断丝(FB29100A),从前仓熔断丝和继电器盒"B+"端输出的来自蓄电池正极端的电源供给线。

IGN2:由ON挡继电器(R5)的30号针脚直接输出的电源供给线。

Acc:来自点火开关的3号针脚,从仪表熔断丝盒的IP D1端输出的电源供给线。

Acc1:由ACC继电器(R6)的30号针脚直接输出的电源供给线。

31:搭铁线。

ILLUM:夜光照明线。

三、线路颜色和线路标注说明

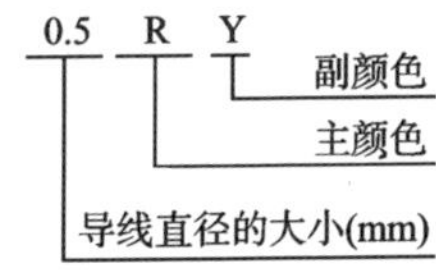

图5-1 线路颜色和线路标注

线路颜色和线路标注,如图5-1所示。

线路颜色的代号见表5-2。

线路颜色的代号　　表5-2

颜色代号	颜　色	颜色代号	颜　色
B	黑色	G	绿色
P	粉色	O	橙色
W	白色	L	蓝色
Br	棕色	Y	黄色
R	红色	V	紫色
Gr	灰色		

四、电路原理图中针脚定义说明

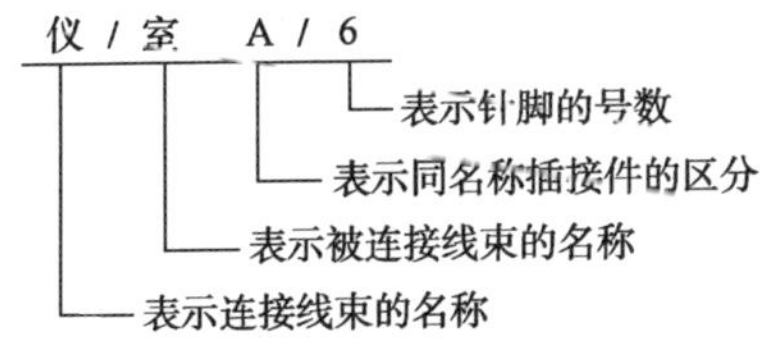

图5-2 电路原理图中针脚定义说明

电路原理图中针脚定义,如图5-2所示。

例如:"仪/室/A/6"即表示仪表线束与室内线束连接插件的A插件的第6号针脚;"至防盗模块A5"即表示到防盗模块的A插头第5号针脚;"至ECU25"即表示到ECU的第25号针脚。

五、搭铁点定义

电路原理图中搭铁点采用大写字母"G"加3位数字的表示方式,如图5-3所示。

六、熔断丝和继电器盒说明

1. 熔断丝盒位置

如图5-4、图5-5所示。

2. 熔断丝和继电器盒的表示方法

(1)前仓熔断丝和继电器盒中的熔断丝用"FB+数字"或"SB+数字"来表示。

(2)前仓熔断丝和继电器盒中的继电器用"R+数字"来表示。

(3)正极熔断丝盒中的熔断丝用"FB+数字"来表示。

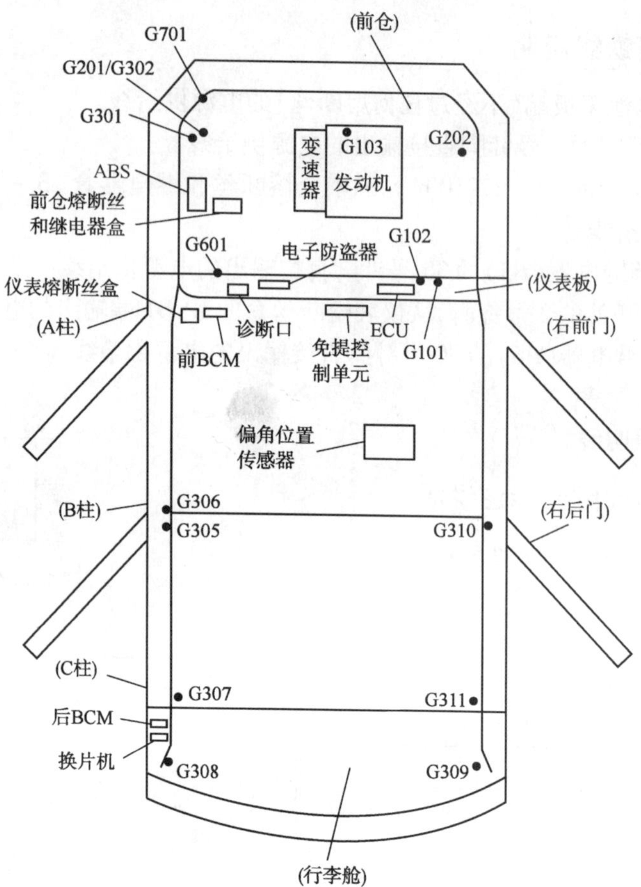

图 5-3　表示方式

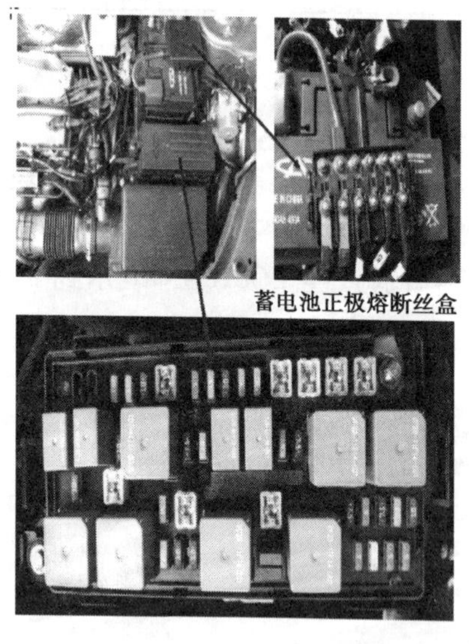

图 5-4　前舱熔断丝和继电器盒和
蓄电池正极熔断丝盒

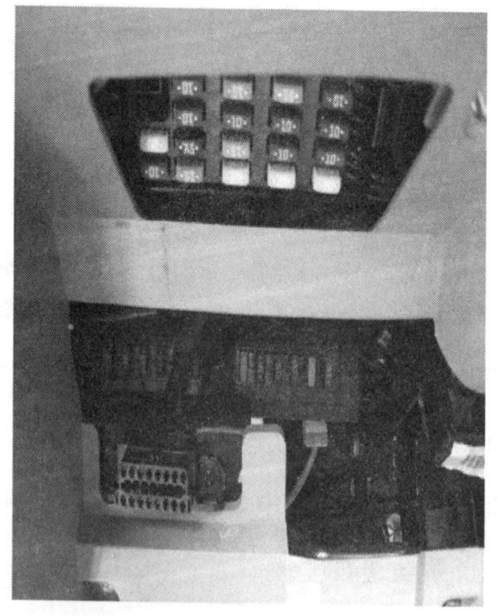

图 5-5　FBCM 上的熔断丝盒

(4)仪表熔断丝盒中的熔断丝用"IP FUSE + 数字"来表示。

(5)电路原理图中的"CE 字母 + 数字"表示前仓熔断丝和继电器盒的某个插件(字母表示

的插件)的某个端子(数字表示的端子),如:CE A2。

(6)电路原理图中的“PF + 数字”表示正极熔断丝盒出线位置。

(7)电路原理图中的“IP 字母 + 数字”表示仪表熔断丝盒的某个插件(字母表示的插件)的某个端子(数字表示的端子),如:IP A2。

七、前仓熔断丝和继电器功能说明(表 5-3)

前仓熔断丝和继电器功能

表 5-3

编号	容量	功　能	编号	容量	功　能
FB1	5A	发动机控制单元	FB24	5A	ABS 电源
FB2	5A	车速传感器	FB25	10A	备用
FB3	20A	备用电源	FB26	15A	左近光
FB4	5A	备用	FB27	15A	右近光
FB5	10A	倒车灯、发电机	SB1	30A	备用
FB6	15A	点火线圈	SB2	30A	发动机
FB7	7.5A	备用	SB3	30A	起动机
FB8	5A	ABS	SB4	40A	ABS 泵
FB9	7.5A	备用	SB5	20A	ABS 控制器
FB10	10A	前氧传感器	SB6	30A	点火锁
FB11	10A	后氧传感器	SB7	30A	仪表电器盒
FB12	20A	相位、炭罐	SB8	40A	座椅调节
FB13	30A	空调鼓风机	R1		备用
FB14	10A	左远光	R2		主继电器
FB15	7.5A	喷嘴加热	R3		起动继电器
FB16	15A	空调压缩机	R4		空调鼓风机
FB17	15A	油泵	R5		ON 挡继电器
FB18	7.5A	EMS 电源	R6		ACC 继电器
FB19	10A	右远光	R7		空调压缩机
FB20	30A	玻璃电机	R8		油泵继电器
FB21	30A	天窗	R9		ACC 继电器
FB22	10A	变速器	R10		远光
FB23	15A	座椅加热	R11		近光

任务二　车身控制模块

一、车身控制模块功能

1. 前 BCM 位置图

(1)前 BCM 位置图,如图 5-6 所示。

(2)前 BCM 放大图,如图 5-7 所示。

图 5-6　前 BCM 位置图

图 5-7　前 BCM 放大图

(3)前 BCM 内部结构图,如图 5-8 所示。

2. 前 BCM 具有的功能

(1)中控门锁。

(2)前门窗系统控制。

(3)后视镜加热和后风窗加热。

(4)刮水器及洗涤器控制。

(5)报警及无线接收系统。

(6)巡航控制信息接收。

(7)车辆照明(不包括后雾灯、倒车灯和制动灯)等功能。

(8)灯光延时关闭。

(9)车身防盗。

(10)蓄电池节能保护。

(11)故障记录及诊断。

(12)碰撞自动开门。

(13)跛行回家。

(14)超速报警。

(15)智能过载保护。

(16)点火钥匙未拔提醒。

3. 后 BCM 位置图

(1)后 BCM 位置图,如图 5-9 所示。

图 5-8　前 BCM 内部结构图

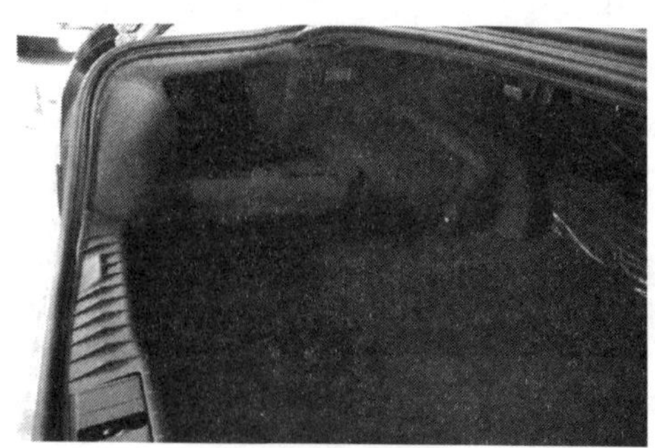

图 5-9　后 BCM 位置

(2)后 BCM 放大图,如图 5-10 所示。

(3)后 BCM 内部结构图,如图 5-11 所示。

图 5-10　后 BCM 放大图

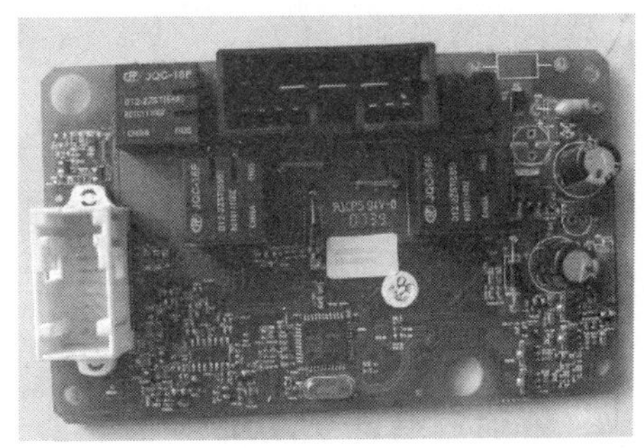

图 5-11　后 BCM 内部结构图

4. 后 BCM 具有功能

(1) 倒车雷达探头信息接收(非可视倒车雷达)。

(2) 左后、右后玻璃升降电机控制。

(3) 后雾灯。

二、报警和锁止系统原理框图,如图 5-12 所示

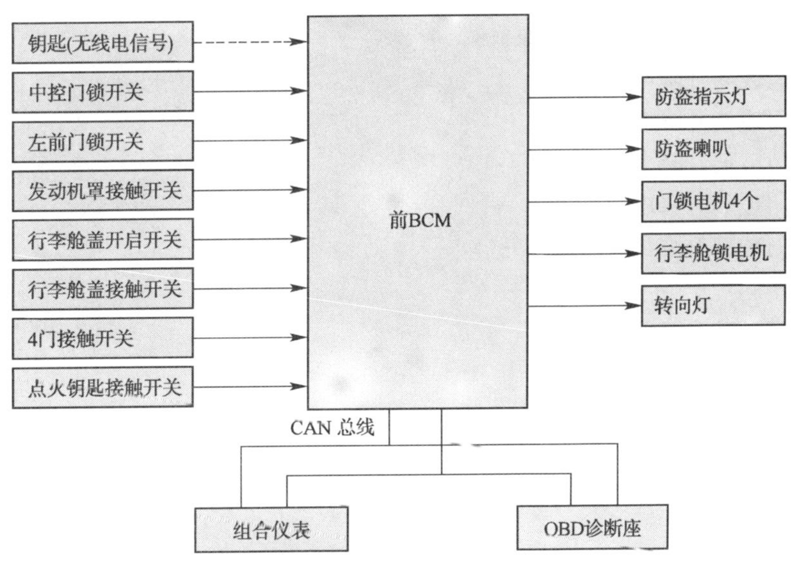

图 5-12　报警和锁止系统原理

三、蓄电池节能保护

为了降低车辆在非使用状态时的蓄电池消耗量,车身控制模块在点火开关关闭 15min 内没检测到任何输入信号时,进入睡眠状态。当点火开关在“ACC”或“ON”位置时,或出现以下信号时,车身控制模块会被激活:

(1) CAN 总线运行。

(2) 点火钥匙在 ACC 或 ON 位置。

(3) 驾驶员侧门锁钥匙开关信号。

(4) 驾驶员侧门接触开关信号。

(5) 前乘客侧门接触开关信号。

(6) 两后车门接触开关。

(7)中控门锁锁止开关。
(8)中控门锁解锁开关。
(9)发动机罩接触开关。
(10)遥控发射器有效无线电频率代码。
(11)行李舱盖开启开关。
(12)行李舱盖接触开关。

四、智能过载保护功能

前 BCM 和后 BCM 均有智能过载保护功能,当检测到过载或者某一负载在频繁的打开和关闭时,BCM 将启动过载保护。

任务三　门窗系统

一、门窗系统组成

1. 不带防夹功能门窗系统部件组成

(1)左前门玻璃升降电机。
(2)右前门玻璃升降电机。
(3)左后门玻璃升降电机。
(4)右后门玻璃升降电机。
(5)左前门玻璃升降组合开关。
(6)遥控钥匙。
(7)右前门玻璃升降开关。
(8)左后门玻璃升降开关。
(9)右后门玻璃升降开关。
(10)前 BCM;后 BCM。

2. 门窗系统原理框图(不带防夹功能)

如图 5-13 所示。

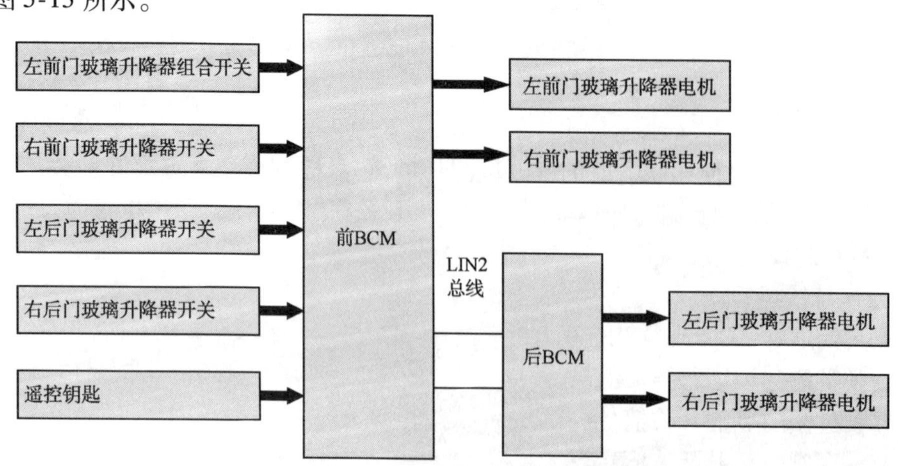

图 5-13　门窗系统原理框图

3. 带防夹功能门窗系统部件组成

(1)左前门防夹 ECU 玻璃升降电机。

(2)右前门防夹 ECU 玻璃升降电机。

(3)左后门玻璃升降电机。

(4)右后门玻璃升降电机。

(5)左前门玻璃升降组合开关。

(6)遥控钥匙。

(7)右前门玻璃升降开关。

(8)左后门玻璃升降开关。

(9)右后门玻璃升降开关。

(10)前 BCM;后 BCM。

4. 门窗系统原理框图(带防夹功能)

如图 5-14 所示。

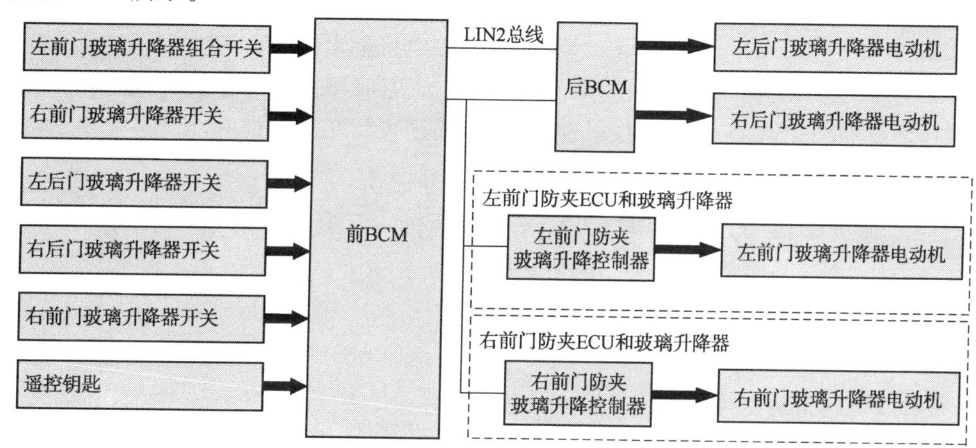

图 5-14　门窗系统原理框图

二、系统元件介绍

1. 左前门玻璃升降器组合开关(如图 5-15 所示)

(1)包括左前门、右前门、左后门、右后门玻璃升降器开关和后车窗安全开关。

(2)安全开关是自锁开关。按下后,右前门、左后门、右后门上的玻璃升降器开关的操作功能被禁止。

2. 玻璃升降器

(1)由电机、拉线、导轨和滑块组成,如图 5-16 所示。

图 5-15　左前门玻璃升降器组合开关

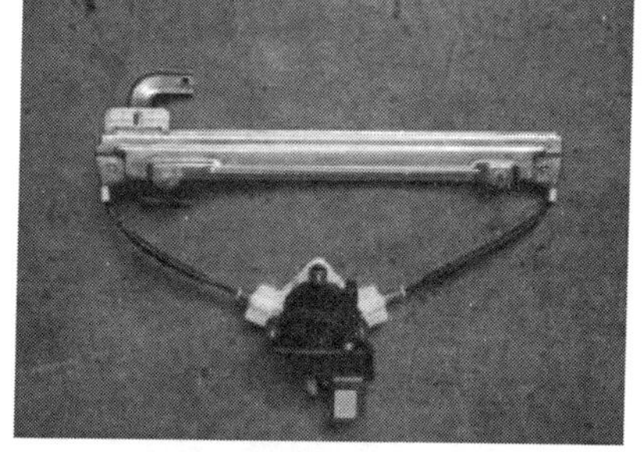

图 5-16　电机、拉线、导轨和滑块

(2)对于带防夹功能的升降器,还包括升降控制器,如图 5-17。

图 5-17　升降控制器

三、系统功能介绍

(1)手动模式,按键时间≥300ms。

(2)自动下降模式,按键时间 <300ms。

(3)延时功能,在拔下点火钥匙 120s 内,玻璃升降开关还可以操作。

(4)停转探测,自动探测上止点和下止点,并控制电机停转。

(5)操作冲突,当左前门控制某个门的玻璃上升或下降时,而该门的开关却控制下降或上升,此时下降优先。

(6)防夹功能。A3 左前门和右前门防夹功能选装;通过检测电机的电流来实现防夹。

(7)遥控钥匙控制。车窗上升关闭所有车门后,使用遥控器锁上车门时,如果车门玻璃未升起,按住遥控器闭锁键 2s 以上不仅可使车门上锁,还可将车门玻璃升起。

任务四　电动后视镜和后风窗加热

一、A3 车型电动后视镜系统综述

1. 电动后视镜系统元件组成

(1)左、右后视镜总成(包括两个调整电机),如图 5-18 所示。

(2)电加热镜片,如图 5-19 所示。

图 5-18　后视镜总成

图 5-19　电加热镜片

(3)方向调节开关、后视镜选择开关,如图 5-20 所示。

(4)前 BCM 控制模块,如图 5-21 所示。

(5)空调控制模块,如图 5-22 所示。

2. 系统控制原理框图(如图5-23所示)

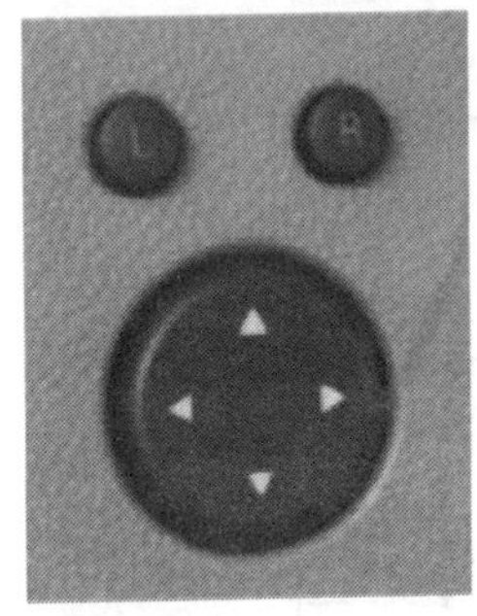

图5-20　方向调节开关、后视镜选择开关

图5-21　前BCM控制模块

图5-22　空调控制模块

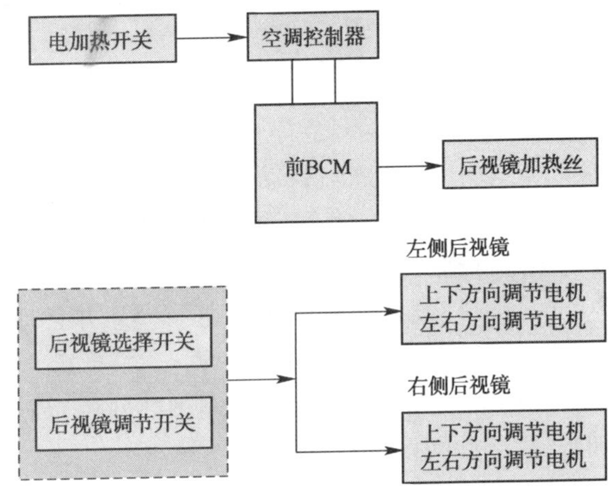

图5-23　系统控制原理框图

二、系统功能介绍

1. 电动调节功能简介

(1)后视镜调整只有在点火开关处于“ON”挡时才能工作。

(2)两个外后视镜选择开关,可供选择左侧或右侧外后视镜进行调整。

(3)当按下电动后视镜的“L”按钮,可调整左侧的车外后视镜;这时调整下面的方向键可调整左侧后视镜镜面的上下左右位置。

(4)当按下电动后视镜的“R”按钮,可调整右侧的车外后视镜;这时调整下面的方向键可调整右侧后视镜镜面的上下左右位置。

2. 镜片加热和后风窗加热

(1)给镜片加热是为了除雾和除霜,镜片一旦透明,就应切断加热器,减小电流消耗,如图5-24所示。

(2)空调控制面板集成有带有CAN总线的空调控制器,当按下后风窗除霜开关时,空调控制器将除霜信号通过CAN总线发送到前BCM,前BCM接收到除霜信号后,控制电加热丝通电开始加热。同时空调控制器开始20min计时,当加热达到20min后,空调控制器发送CAN信息给前BCM,前BCM接收到该信息后切断后风窗加热。加热过程中,前BCM不断通过CAN更新加热器状态给空调控制器。

(3)当手动停止加热时,空调控制器将停止加热的信号通过CAN总线发送给前BCM,同

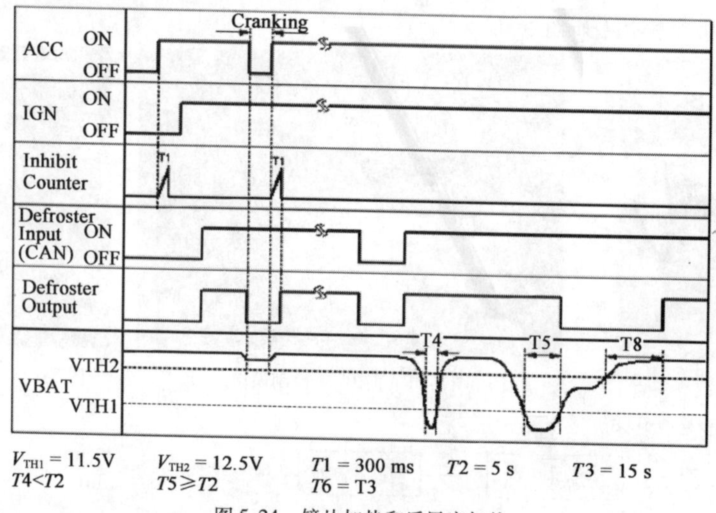

图 5-24　镜片加热和后风窗加热

时熄灭指示灯。前 BCM 接收到停止加热信号后停止电加热丝的供电。

(4)加热过程中,若关闭点火开关,则加热自动停止。重新打开点火开关时,加热过程不能自动继续,需要再次按下加热按钮重新开始 20min 加热过程。

(5)加热过程若电池电压降低到 11.5V 并持续 5s 以上,则空调控制器发送 CAN 信号给前 BCM 关闭加热器;但是 20min 计时持续。当电压回复到 12.5V 并且持续 15s 以上时,空调控制器发送 CAN 信号给前 BCM 开启加热器继续加热。

(6)加热过程中若起动发动机,则前 BCM 自动控制加热暂停,当点火开关回到 ON 位置 300ms 后,前 BCM 控制加热继续,此间计时器不停。

任务五　外部照明系统

一、系统原理框图(如图 5-25 所示)

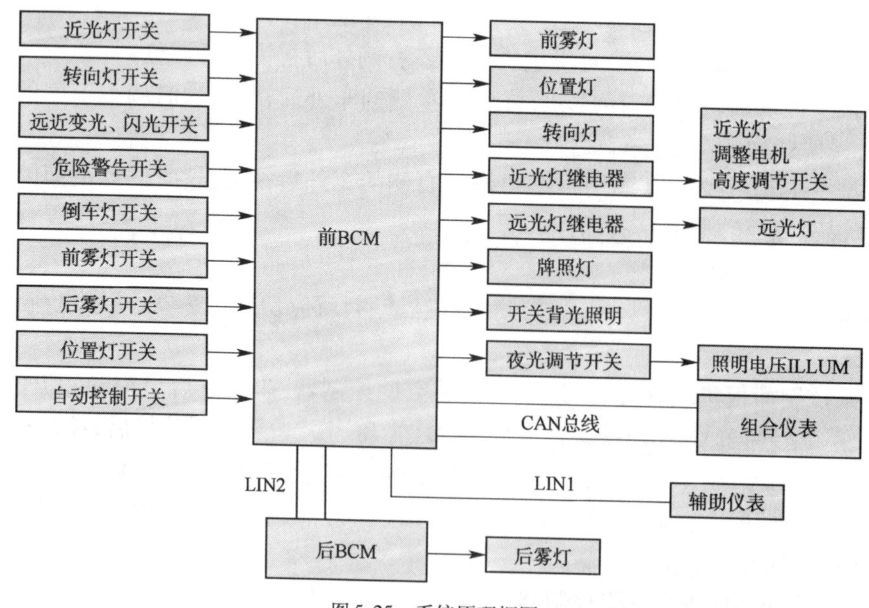

图 5-25　系统原理框图

二、系统元件介绍

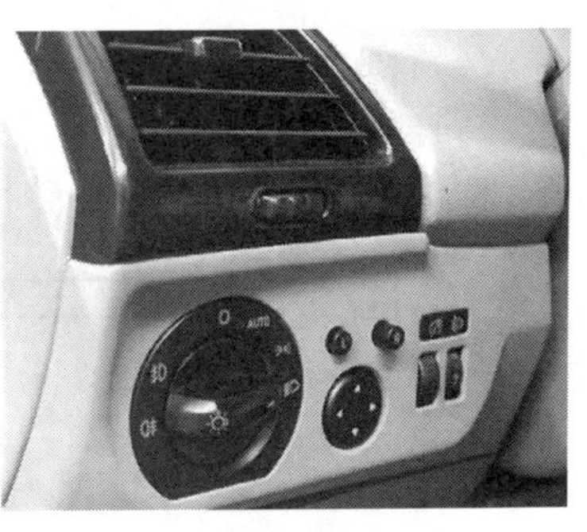

图 5-26　灯光开关总

(1)灯光开关总成位于驾驶员侧仪表板左面,如图 5-26 所示。

(2)灯光开关总成电路原理图,如图 5-27 所示。

(3)背光调节开关位于驾驶员侧仪表板左面,如图 5-28 所示。

功能:打开位置灯后,仪表、音响、空调、开关等夜光照明点亮;通过操作背光调节开关,可以调节室内背光的亮度。

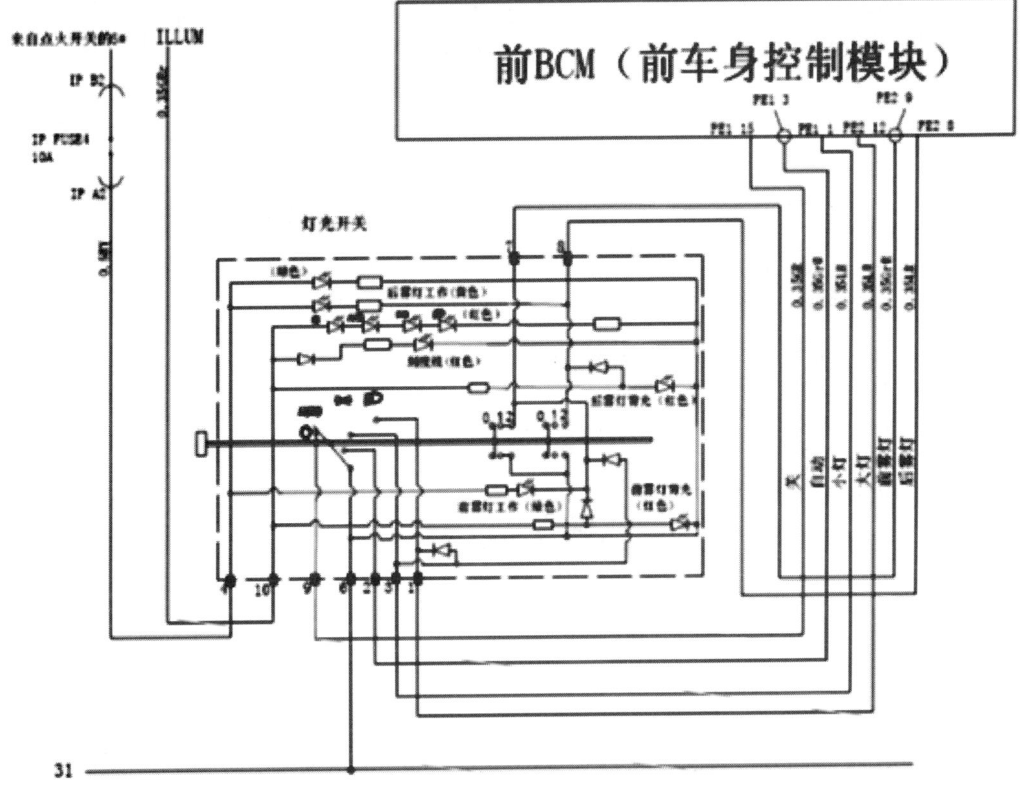

图 5-27　灯光开关总成电路原理图

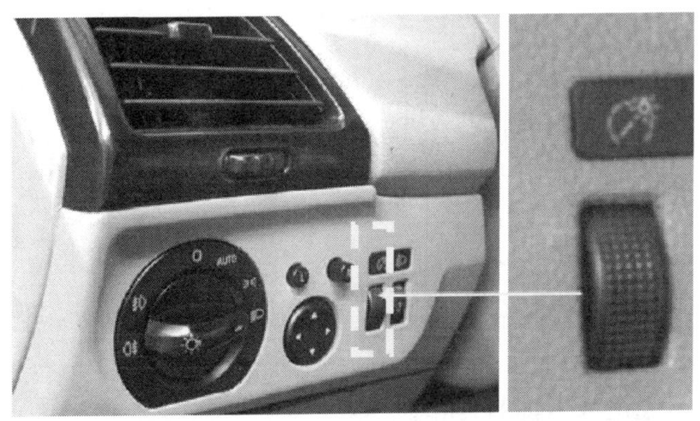

图 5-28　背光调节开关位于驾驶员侧仪表板

(4)背光调节控制原理,如图 5-29 所示。

(5)制动灯开关。

①制动开关安装在制动踏板上部支架处,如图 5-30 所示。

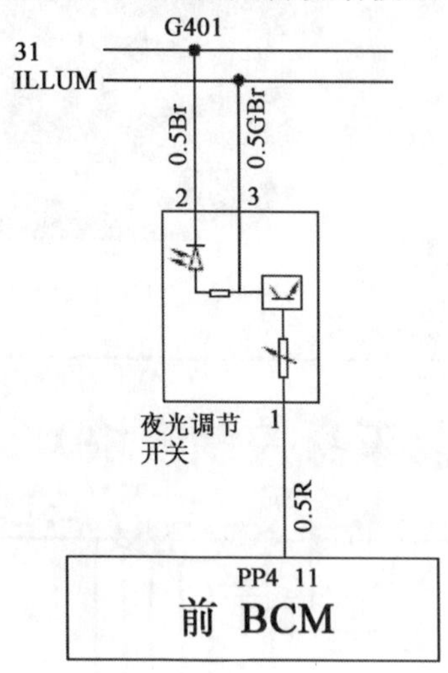

图 5-29 背光调节控制原理

图 5-30 制动开关安装在制动踏板上部支架处

②制动灯开关是两开关,一个常开、一个常闭,常开开关控制制动灯电路的供电两个开关信号都输入给发动机 ECU。控制原理,如图 5-31 所示。

(6)转向灯组合开关,如图 5-32 所示。

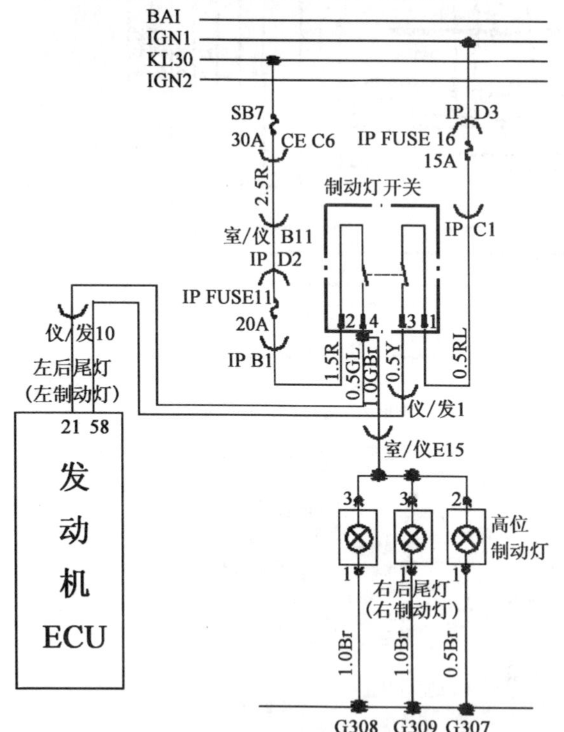

图 5-31 控制原理

图 5-32 转向灯组合开关

(7)转向灯组合开关电路原理图,如图 5-33。

(8)倒车灯开关。

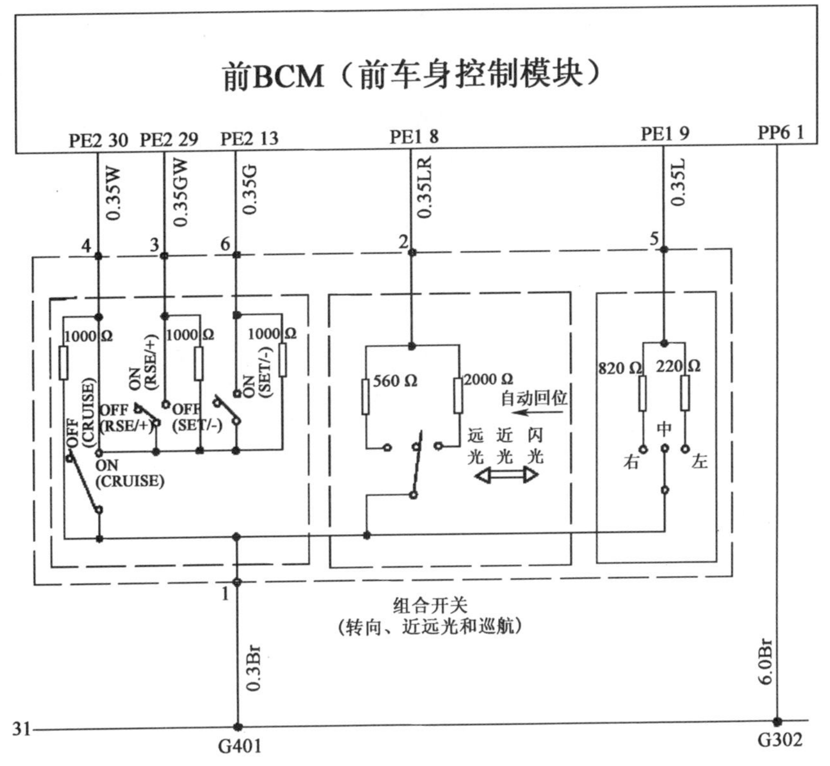

图 5-33　转向灯组合开关电路原理图

①倒车开关位于变速器上，由换挡机构操纵，如图 5-34 所示。

图 5-34　倒车开关

②倒车灯开关的作用：点亮倒车灯；给前 BCM 提供倒车信号，前 BCM 过 LIN2 将信号发送给后 BCM，后 BCM 起动倒车雷达；给 DVD 音响提供倒车信号，启动可视倒车影像。

③倒车灯开关电路原理，如图 5-35 所示。

(9)前照灯总成组成，如图 5-36 所示。

(10)前照灯电路原理图，如图 5-37 所示。

(11)前转向灯和前雾灯总成。

(12)尾灯总成，如图 5-38 所示。

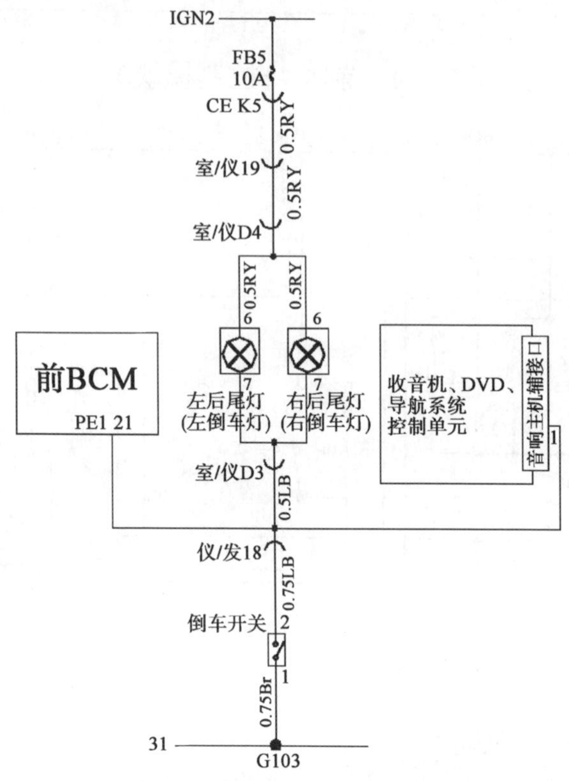

图 5-35　倒车灯开关电路原理

图 5-36　前照灯总成组成

图 5-37　前照灯电路原理图

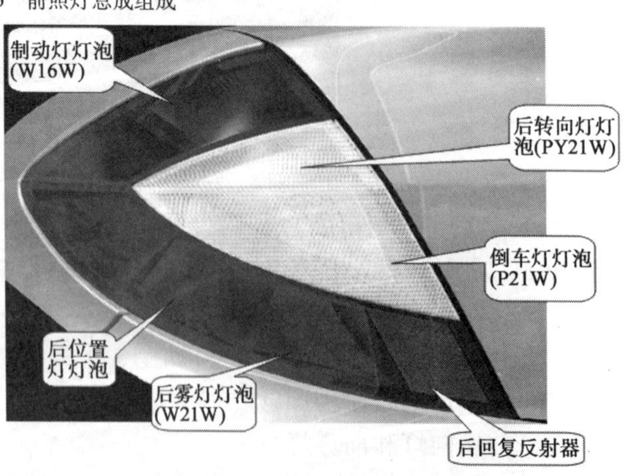

图 5-38　尾灯总成

三、系统功能介绍

1. 灯泡故障检测功能

(1)前 BCM 有转向灯故障检测功能。

(2)当检测到故障时,前 BCM 将通知组合仪表。

(3)在打开转向灯时,仪表控制转向指示灯的闪烁频率比正常时加倍。

2. 防盗报警和遥控开锁/闭锁提醒

(1)当车辆非法侵入时,前 BCM 控制转向灯闪烁 28s 以示报警。

(2)在遥控闭锁或开锁时,前 BCM 控制转向灯闪烁以示提醒(开锁闪一次,闭锁闪两次)。

3. 跛行回家模式

当前 BCM 或者后 BCM 检测到二者之间通信有异常时,将启动跛行回家模式:

(1)启动转向灯闪烁。

(2)打开位置灯。

(3)在 CAN 总线上发送 BCM 内部通信故障消息。

任务六　刮水器系统

一、系统原理框图

系统组成:刮水器电动机;刮水器连杆机构;两个刮臂及刮片;两个洗涤器喷嘴;洗涤壶和洗涤泵;刮水洗涤拨杆开关;雨量传感器(豪华配置车型);洗涤喷嘴电加热器。如图 5-39 所示。

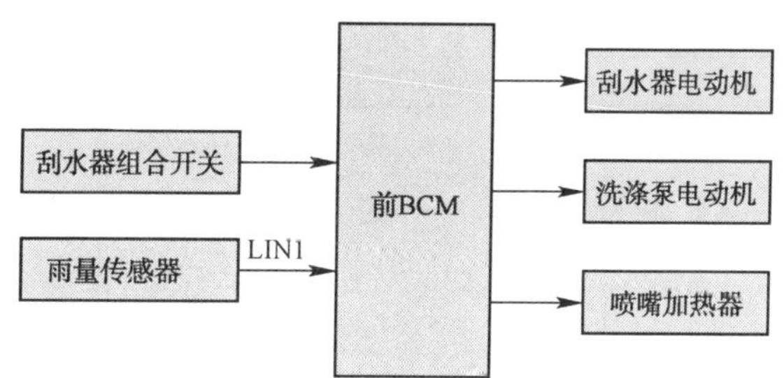

图 5-39　系统原理图

二、系统元件介绍

(1)刮水洗涤拨杆开关

①刮水洗涤拨杆开关位于转向柱右侧,如图 5-40 所示。

②刮水洗涤拨杆开关功能,如图 5-41 所示。

a. 关闭刮水器系统工作 OFF。

b. 间歇式刮水(豪华配置车型为自动刮水控制)INT/(AUTO)。

c. 低速刮水 LO。

d. 高速刮水 HI。

e. 点动刮水 MIST。

f. 洗涤泵喷水 PULL。

图 5-40　刮水洗涤拨杆开关

g. 刮水间歇调整 MODE。

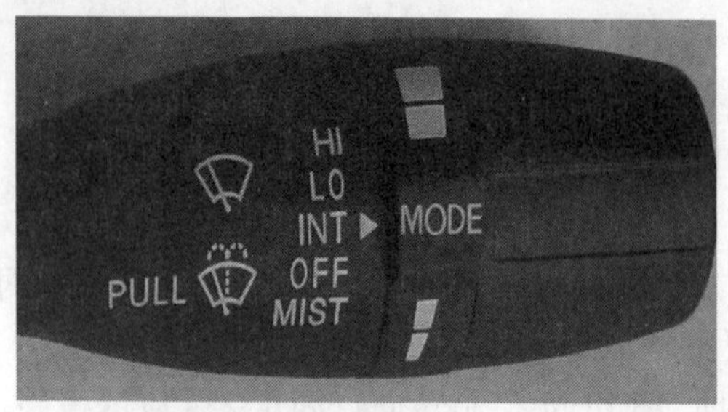

图 5-41　刮水洗涤拨杆开关功能

(2)刮水洗涤拨杆开关电路原理图,如图 5-42 所示。

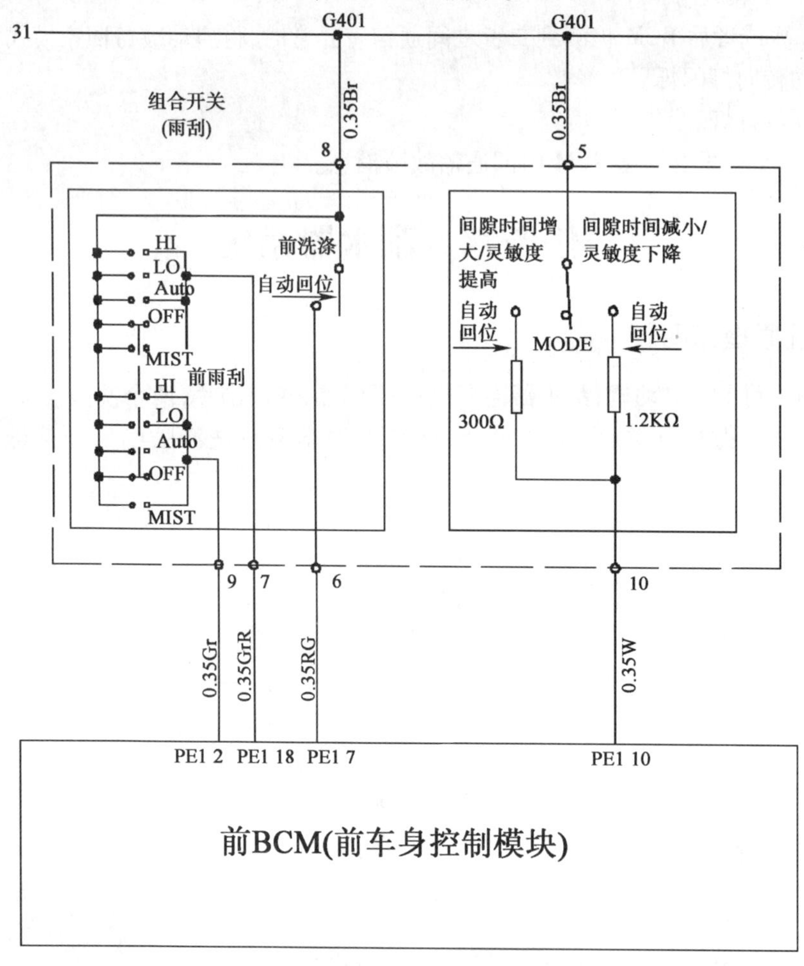

图 5-42　刮水洗涤拨杆开关电路原理图

(3)刮水器电动机位于前挡风玻璃前空调进气格栅的下面,如图 5-43 所示。

(4)洗涤泵电动机位于洗涤液储液罐的边角,接受前 BCM 的电压驱动,驱动洗涤泵将洗涤液通过喷嘴喷出。如图 5-44 所示。

(5)雨量传感器。

①雨量传感器的结构,如图 5-45 所示。

②雨量传感器的作用。

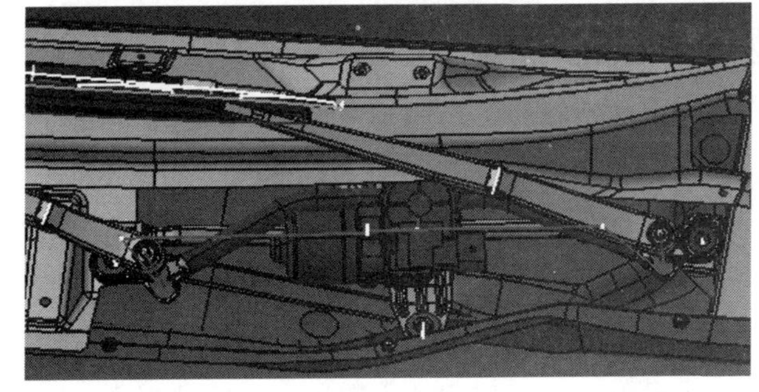

图 5-43　刮水器电动机位于前挡风玻璃前空调进气格栅的下面

图 5-44　洗涤泵电动机

a. 检测风窗玻璃上的雨量信号，通过 LIN1 总线给前 BCM 提供控制刮水器刮水间歇时间的参考信息。

b. 加热元件，避免光学元件结霜或结冰。

c. 光线传感器，用于光线很弱时提高雨量传感器的灵敏度。

(6)雨量传感器工作原理，如图 5-46 所示。

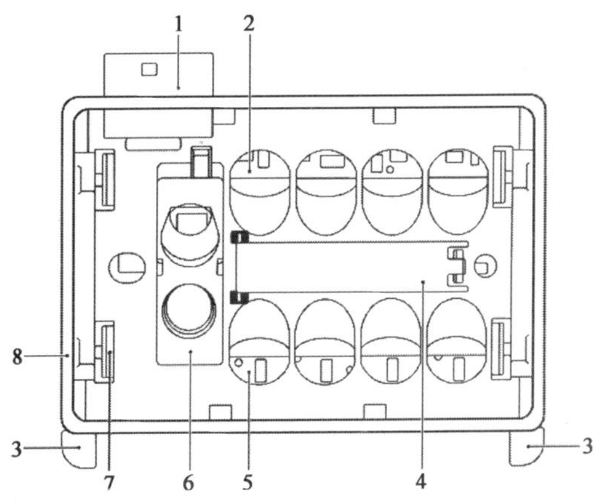

图 5-45　雨量传感器的结构

1-连接器；2-发射二极管；3-固定卡条；4-加热单元；5-接受二极管；6-光传感器；7-自锁型卡扣；8-雨量传感器外壳

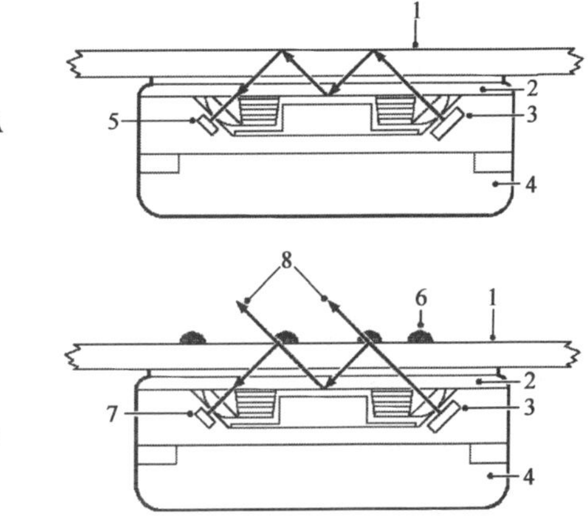

图 5-46　雨量传感器工作原理

A-洁净、干燥的风窗玻璃；B-湿的、脏的风窗玻璃

1-风窗玻璃外表面；2-光学单元；3-发射二极管（发射的光定为 100%）；4-雨量传感器单元；5-接收二极管（接收到 100% 的光）；6-水滴/水雾；7-接收二极管（接收到的光不到 100%）；8-损失掉的光

①传感器包括发射和接收二极管，分别发射和接收红外光，通过光学部件投射到风窗玻璃上。光的入射方向有一定的角度，以使风窗玻璃外表面的光被 100% 的反射，当玻璃上有水或者脏物时，反射的光线减小，传感器检测反射光的强度，并产生相应的电信号。

②雨量传感器模块软件还可以对擦伤和石屑在光学单元周围造成的长期的影响进行补偿，也能对由刮水器刮片磨损产生短期的污垢和污点造成的影响进行补偿。

③雨量传感器中还包括一个加热元件，并使用通过 LIN1 总线由前 BCM 发过来的温度信号自动控制加热，以避免光学部件结霜或结水珠。

④雨量传感器中包含有光线传感器，此光线传感器用于光线很弱时提高雨量传感器的灵敏度。这一特性可以降低夜间开车时，风窗玻璃上的雨水对驾驶员视线的影响。

⑤雨量传感器通过 LIN1 总线与前 BCM 通讯；将雨量信息传送给前 BCM 实时控制雨刷的间歇时间。当雨量大时，雨刷间歇时间减小；当雨量减小时，雨刷间歇时间增加。

任务七　车身电气系统典型故障案例分析

一、电动车窗系统常见故障

1. 上升或下降的速度太慢

(1)故障原因

①电瓶电压太低。

②电气插头接触不良。

③导轨表面喷涂状态不稳定。

④车门内外板间隙过小。

(2)故障分析流程

①电瓶电压太低,将不能让电机提供足够的扭矩。此时需要给电瓶充电。

②电气插头接触不良,维修线束和插头。

③导轨表面喷涂状态不稳定,可能与玻璃摩擦力大造成升降速度慢;根据情况维修。

④车门内外板间隙过小,可能导致对玻璃压力过大,是阻力增加造成升降速度慢。调整内外板间隙。

2. 升降时发生噪声

(1)故障原因

①呢槽表面喷涂状态不稳定。

②车门内外板间隙过小。

(2)故障分析流程

①目前呢槽表面喷涂状态不稳定,可能与玻璃摩擦发生异响,需要更换呢槽。

②车门内外板间隙过小,可能导致内外挡水与玻璃摩擦异响,需要调整钣金。

二、照灯起雾

1. 故障原因

(1)照灯是否破损。

(2)配光镜面是否开裂。

(3)密封后盖、通气管、线束插套是否装配到位。

2. 故障分析流程

(1)打开前舱盖,目视检查大灯表面是否破损,如破损更换照灯。

(2)检查大灯配光镜面是否开裂,如开裂更换照灯。

(3)目视密封后盖、通气管、线束插套是否装配到位,装配不到位重新装配。

三、点烟器不工作

1. 故障原因

(1)熔断丝熔断。

(2)点烟器故障。

(3)仪表熔断丝盒内部故障。

(4)点烟器线束开路。

2. 故障分析流程

(1)拆下转向柱下护板,拔下熔断丝看是否熔断,熔断则更换。

(2)拆下副仪表板和两边装饰板,用万用表检查点烟器插脚线束是否有电,有电则更换点烟器。

(3)拆下仪表熔断丝盒用万用表检查 IP3 插头 B3#针脚是否有电输出,没电则更换仪表熔断丝盒。

四、空调不工作或制冷效果差

1. 故障原因

(1)制冷剂不符合标准。

(2)冷凝器故障。

(3)管路故障。

(4)控制器故障。

(5)高低压开关故障。

(6)膨胀阀故障。

(7)压缩机故障。

(8)干燥罐故障。

2. 故障分析流程

(1)拆下管帽,用起子放一些空调液,查看是否充足,不足则重加制冷剂。

(2)检查冷凝器是否太脏,太脏则清洗冷凝器表面堵塞物。

(3)拆下空调管帽。用压力表检查压力是否正常,不正常则更换高低压管路。

(4)拆下中控面板和控制器,用万用表检查控制器有无电流输出,如没电则更换控制器。

(5)拔下高低压开关插头,用万用表检查高低压开关插头 1 号、4 号针脚是否有电,如有电则更换高低压开关。

(6)拔下高低压开关插头,用试灯短接高低压开关插头 1 号、2 号针脚,检查压缩机是否吸合,如不吸合则更换压缩机。

(7)检查膨胀阀是否堵塞,查看出口处是否产生冰露或有异物,有则清理。

(8)拆下干燥罐,检查干燥剂是否破碎,如破碎更换干燥罐。

五、喇叭声音不对

1. 故障原因

(1)喇叭接头连接处端子退位。

(2)喇叭故障。

2. 故障分析流程

(1)拆下喇叭,查看连接处插头是否脱落,脱落则重插。

(2)拔下喇叭线束插头,用万用表检查线束是否开路,如线束通畅则更换喇叭。

六、遥控不工作

1. 故障原因

(1)前舱打铁线故障。

(2)遥控器故障。

(3)前 BCM 故障。

(4)线束故障。

(5)门锁总成故障。

2. 故障分析流程

(1)打开前舱盖检查前舱搭铁线紧固螺栓,用手晃动打铁线束查看打铁线是否松动,如松动则紧固。

(2)拆开遥控器,用万用表检查电池电压是否不足,电压不低于 2.7V,否则更换。

(3)拆下前 BCM,用诊断仪检测前 BCM 的 PP3 的 12#13#针脚是否有信号输出,没信号则更换。

(4)拆下左前门护板拔下闭锁器插头,用万用表检查插头线束是否开路,如开路则更换。

(5)门锁总成故障,用万用表检查插头线束是否有电有电则更换。

项目六　奇瑞 A3 车型维护作业

Z 知识目标

1. 知道奇瑞 A3 车型 30000km 维护作业项目。
2. 知道奇瑞 A3 车型 30000km 维护作业技术要求。

N 能力目标

1. 在规定时间内完成奇瑞 A3 车型 30000km 维护作业项目。
2. 能够正确使用车辆维护的工具、设备。

S 素质目标

1. 自我学习能力。
2. 交流沟通能力。
3. 团结协作能力。
4. 安全操作能力。

奇瑞 A3 车型 30000km 维护作业是在 5 个顶起位置由甲、乙两名维护技术人员相互协作共同完成其全部作业项目，车间维护作业参考时间为 50min。

一、A3 车型 30000 公里维护作业

1. 顶起位置 1

顶起位置 1 如图 6-1 所示。

顶起位置 1：两名维护技术人员的移动位置如图 6-2 所示，其中甲维护技术人员的移动位置为红色；乙维护技术人员的移动位置为蓝色。

图 6-1　顶起位置 1

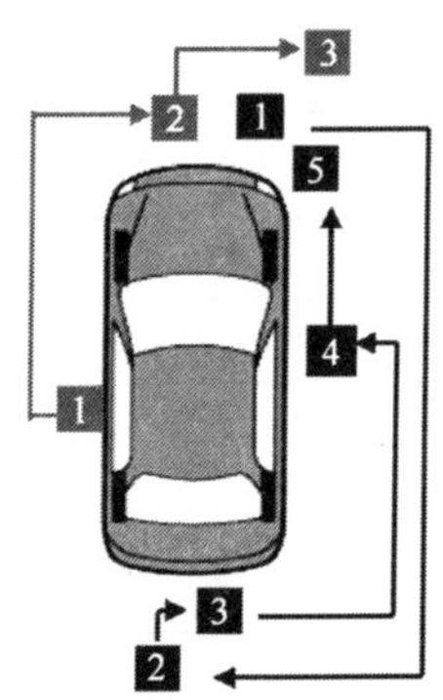

图 6-2　顶起位置 1 两名维护技术人员的移动位置

甲维护技术人员的作业项目及技术要求，见表6-1。

乙维护技术人员的作业项目及技术要求，见表6-2。

甲维护技术人员在顶起位置1的作业项目及技术要求 表6-1

工序	作业项目	技术要求
1	安装三套一垫	完好
2	前方灯光检查	灯光正常
3	高低音喇叭检查	喇叭响声正常
4	后部灯光检查	灯光正常
5	检查转向盘	方向盘的自由行程及高低调节正常
6	检查空调各按键	按键灵活、可靠
7	检查风口出风状态	出风良好，冷热风转换正常
8	检查仪表的各指示灯	指示灯完好，指示正确
9	检查驻车手柄操纵性	4～5个齿
10	检查变速杆状态	选换挡灵活、无卡滞
11	检查离合器踏板	离合器分离彻底
12	检查制动踏板及油门踏板	制动正常，加速正常
13	检查仪表台各个按键	按键正常回位，灯光显示正常
14	检查CD机、扬声器	功能正常
15	检查前顶灯	按键正常回位，灯光显示正常
16	检查后顶灯	按键正常回位，灯光显示正常
17	检查中控门锁	功能正常
18	检查各门的电动玻璃升降器	按键正常，玻璃升降正常
19	检查遮阳板、烟灰缸	功能正常
20	检查点烟器、杂物盒	功能正常
21	检查正驾驶座椅和安全带、前门开关、门锁铰链	功能正常，无异响
22	检查左后门玻璃升降开关、门开关、门铰链、座椅、安全带	功能正常，无异响
23	检查右后门玻璃升降开关、门开关、门铰链、座椅、安全带	功能正常，无异响
24	检查检查右前门玻璃升降开关、门开关、门铰链、座椅、安全带	功能正常，无异响
25	打开后门、检查门锁铰链、随车工具、备胎	功能正常，无异响
26	支撑车辆	安全、可靠

乙维护技术人员在顶起位置1的作业项目及技术要求 表6-2

工序	作业项目	技术要求
1	前方灯光检查	灯光正常
2	近光灯	灯光正常
3	远光灯	灯光正常
4	左前转向灯	灯光正常
5	右前转向灯	灯光正常
6	前报警灯	灯光正常
7	前雾灯	灯光正常

续上表

工序	作 业 项 目	技 术 要 求
8	后部灯光检查	灯光正常
9	后方制动灯	灯光正常
10	左后转向灯	灯光正常
11	右后转向灯	灯光正常
12	后报警灯	灯光正常
13	后倒车灯	灯光正常
14	后雾灯	灯光正常
15	牌照灯	灯光正常
16	打开发动机盖	拉线、支撑杆完好
17	安装翼子板护罩和前罩	完好
18	检查助力转向油	必要时补充或按规定里程更换
19	检查风窗玻璃洗涤液	必要时补充
20	检查发动机冷却液	冬季时测量冰点,必要时补充或更换
21	检查电瓶	接线良好,无腐蚀,电解液正常
22	检查变速器油量	必要时补充或按规定里程更换
23	检查发动机机油油量	必要时补充或更换
24	检查制动液液面	必要时补充或按规定里程更换
25	检查发电机皮带	皮带是否老化或张紧力度不够
26	检查空调管路	无泄漏
27	检查冷却管路	无泄漏
28	检查发动机上部机油渗漏情况	无泄漏
29	检查发动机线束	连接完好,线路无损伤
30	检查减振器	无漏油或失效
31	拧松轮胎螺栓	符合规定

2. 顶起位置 2

顶起位置 2 如图 6-3 所示。

顶起位置 2:两名维护技术人员的移动位置如图 6-4 所示,其中甲维护技术人员的移动位置为红色;乙维护技术人员的移动位置为蓝色。

图 6-3 顶起位置 2

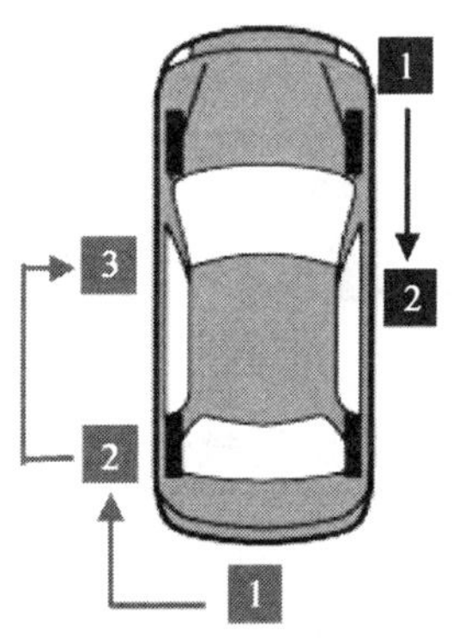

图 6-4 顶起位置 2 两名维护技术人员的移动位置

甲维护技术人员的作业项目及技术要求,见表6-3。

乙维护技术人员的作业项目及技术要求,见表6-4。

甲维护技术人员在顶起位置2的作业项目及技术要求 表6-3

工序	作业项目	技术要求
1	举升车辆	操作正常、可靠
2	检查底盘螺栓的力矩	按规定力矩紧固螺栓
3	检查后桥、油箱	紧固螺栓,油箱无渗漏
4	检查底盘相关管路是否漏油	无渗漏
5	晃动传动轴和转向拉杆	无松动、摆动,无变形
6	车辆降落	操作正常、可靠

乙维护技术人员在顶起位置2的作业项目及技术要求 表6-4

工序	作业项目	技术要求
1	确认举升车辆安全	安全、可靠
2	排放发动机机油	排放干净
3	更换机油滤清器	安装完好
4	更换变速器齿轮油	规定的液面高度
5	更换汽油滤清器	保证安装方向,安装完好

3. 顶起位置3

顶起位置3如图6-5所示。

顶起位置3:两名维护技术人员的移动位置如图6-6所示,其中甲维护技术人员的移动位置为红色;乙维护技术人员的移动位置为蓝色。

图6-5 顶起位置3

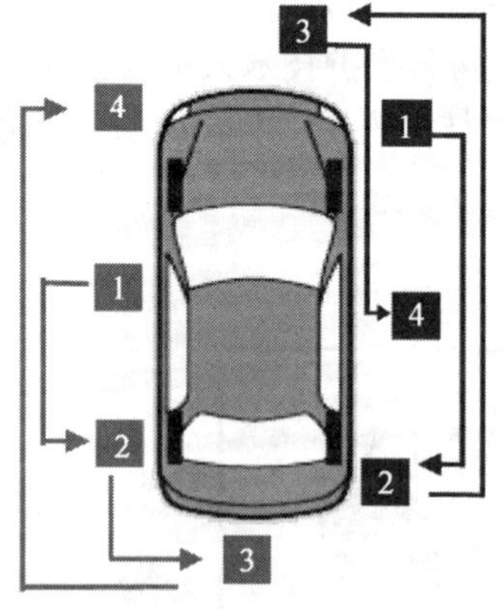

图6-6 顶起位置3两名维护技术人员的移动位置

甲维护技术人员的作业项目及技术要求,见表6-5。

乙维护技术人员的作业项目及技术要求,见表6-6。

甲维护技术人员在顶起位置 3 的作业项目及技术要求　　表 6-5

工序	作 业 项 目	技 术 要 求
1	拆卸左边轮胎	符合规定
2	检查左边制动片	无不均匀磨损,超过磨损极限时更换
3	检查左边胎压、外观	无异常磨损,胎压正常,必要时更换
4	轮胎左边换位	单边换位
5	紧固左边轮胎螺母	按规定力矩紧固
6	起动发动机 3min	发动机起动正常
7	检测发动机电脑及传感器	无任何故障码,传感器工作正常
8	熄火等待 90s,确认机油液面	机油液面符合标尺刻度
9	举升车辆	操作正常、可靠

乙维护技术人员在顶起位置 3 的作业项目及技术要求　　表 6-6

工序	作 业 项 目	技 术 要 求
1	拆卸右边轮胎	符合规定
2	检查右边制动片	无不均匀磨损,超过磨损极限时更换
3	检查右边胎压、外观	无异常磨损,胎压正常,必要时更换
4	轮胎右边换位	单边换位
5	紧固右边轮胎螺母	按规定力矩紧固
6	加入规定量的机油	符合规定

4. 顶起位置 4

顶起位置 4 如图 6-7 所示。

顶起位置 4 两名维护技术人员的移动位置如图 6-8 所示,其中甲维护技术人员的移动位置为红色;乙维护技术人员的移动位置为蓝色。

图 6-7　顶起位置 4

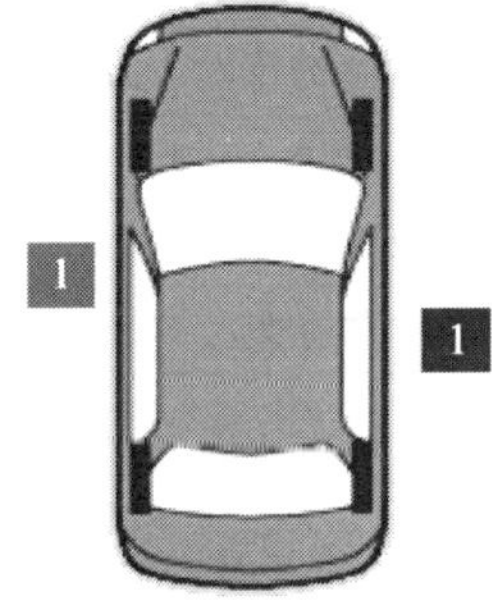

图 6-8　顶起位置 4 两名维护技术人员的移动位置

甲维护技术人员的作业项目及技术要求,见表 6-7。

乙维护技术人员的作业项目及技术要求,见表 6-8。

甲维护技术人员在顶起位置 4 的作业项目及技术要求　　表 6-7

工序	作 业 项 目	技 术 要 求
1	确认举升车辆安全	安全、可靠
2	车辆降落	操作正常、可靠

乙维护技术人员在顶起位置 4 的作业项目及技术要求　　表 6-8

工序	作业项目	技术要求
1	检查机油滤清器和放油螺栓处是否漏油	无渗漏

5. 顶起位置 5

顶起位置 5 如图 6-9 所示。

顶起位置 5:两名维护技术人员的移动位置如图 6-10 所示,其中甲维护技术人员的移动位置为红色;乙维护技术人员的移动位置为蓝色。

图 6-9　顶起位置 5

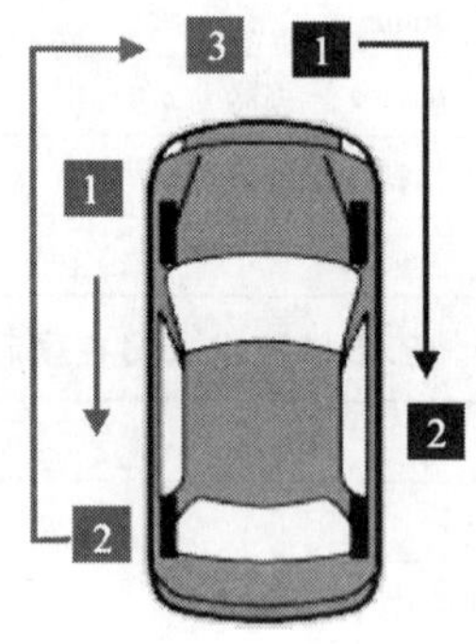

图 6-10　顶起位置 5 两名维护技术人员的移动位置

甲维护技术人员的作业项目及技术要求,见表 6-9。

乙维护技术人员的作业项目及技术要求,见表 6-10。

甲维护技术人员在顶起位置 5 的作业项目及技术要求　　表 6-9

工序	作业项目	技术要求
1	检查火花塞间隙和燃烧状况	火花塞间隙正常,无积炭
2	更换空气滤清器芯	符合规定
3	取下三套一垫	完好

乙维护技术人员在顶起位置 5 的作业项目及技术要求　　表 6-10

工序	作业项目	技术要求
1	撤开举升机支架	完好
2	取下翼子板护罩和前罩	完好
3	工具整理、场地清洁	干净、整洁

二、A3 车型维护注意事项

1. 每行驶 2 年或 40000km 必须更换制动液。
2. 手动变速器每行驶 1 年或 30000km 更换变速器齿轮油。
3. 车辆首次 15000km 维护,更换转向油,后期每 40000km 更换一次转向油。
4. 首次维护时检查和调整四轮定位,以后每隔 20000km 检查和调整。
5. 客户每 40000km 更换一次正时皮带。
6. 车辆每行驶 15000km 对节流阀体进行清洁。

参考文献

[1] 左适够.汽车结构与拆装[M].北京:高等教育出版社,2007.

[2] 汤定国.汽车发动机构造与维修[M].北京:人民交通出版社,2005.

[3] 周林福.汽车底盘构造与维修[M].北京:人民交通出版社,2005.

[4] 吴文琳.新款汽车万用表检测速查手册[M].北京:机械工业出版社,2011.

[5] 彭高宏.汽车故障诊断设备使用一书通[M].广州:广东科技出版社,2008.

[6] 王尚军.汽车常用检测设备的使用[M].北京:机械工业出版社,2009.

[7] 周建平.汽车电气设备构造与维修[M].北京:人民交通出版社,2005.

[8] 刘振楼.汽车维修技术[M].北京:人民交通出版社,2005.

[9] 李东江.发动机与底盘检修技术[M].北京:人民交通出版社,2008.

[10] 李春明,赵宇.奇瑞轿车维修手册[M].北京:北京理工大学出版社,2003.

[11] 姚美红.奇瑞轿车维修手册[M].沈阳:辽宁科学技术出版社,2003.

[12] 郑宏军.奇瑞系列轿车维修实例精选[M].北京:中国电力出版社,2006.

[13] 蔡伟维.奇瑞轿车故障检修图解[M].成都:四川科学技术出版社,2006.

[14] 谭本忠.奇瑞车系电路分析与维修案例集锦[M].北京:机械工业出版社,2008.

[15] 宁平.奇瑞系列轿车维修宝典[M].合肥:安徽科学技术出版社,2011.

[16] 孙洋.奇瑞主流车型电路图解[M].北京:科学出版社,2011.

[17] 奇瑞汽车股份有限公司.奇瑞 A3 培训教程,2011.

参考文献

[illegible]